JAPANESE FOOD AND COOKING
日本料理實用大全

JAPANESE FOOD AND COOKING
日本料理實用大全

Emi Kazuko 著

Yasuko Fukuoka 食譜

劉欣、邢艷、郭婷婷 合譯

晨星出版

目　　錄

簡介

純樸和極簡主義是日本建築與藝術的精髓，這理念也同樣反映在他們對待飲食的方法上。

在許多人心目中，日本是個令人嚮往的神奇國度，她總能揉合傳統與現代。日本的飲食文化自然也毫不遜色，而且還能從許多方面反映出這國家的獨特風情。例如日本的審美理論崇尚極簡的抽象派藝術，如俳句、音樂、藝術、建築等方面，其烹飪文化亦同——料理的口感、風味、裝盤還是烹調法本身無一不是如此。同樣地，日本在很多領域——如繪畫、微晶片的製造等——表現的謹慎和精細，也一一反應在他們對待飲食的態度上。

創新與簡化

或許我們可以這樣定義日本料理的烹調風格：它體現了如何使用食材和維持其自然狀態的關係。日本料理總是盡可能地讓食材保持其天然風貌，因為這是品嘗到食物真實風味的最好方法之一，而這也是日本人根深蒂固的飲食哲學。因此，日本海捕撈到的魚貝常以生食或只沾點醋和鹽品嚐。同樣地，新鮮的當季蔬菜在烹調時也只能稍微烹煮或加入少許鹽以保持其口感和風味。季節和當地物產的種類在相當程度上影響了烹飪法和廚師，正因為這樣的講究，日本才成為眾多美食佳餚的故鄉。

為了更完美地保持食物的鮮純美味，日本料理很少混合食用不同種類的食物，各種調味品也會盛在個別的碟子裡以供沾取。這大大有別於其他的烹飪法——需要長時間烹煮，且加入許多調味品和香料，使得菜餚的味道和原味很不同。

日本飲食的美感稱得上是一門藝術，不妨拿日本料理和日本著名的浮世繪木版畫作比較。浮世繪驚人的美感在於其線條簡單和畫面簡潔，這種優雅的極簡主義亦體現在所有高級日本料理中。1970年代，日本廚師製作料理的獨特方法曾帶給法國大廚們啟發，並促使他們發展出新式烹調法——將烹煮的食物精心地擺放在餐盤上並呈現出藝術感。然而新式烹調的口碑可不太好，因它過分強調料理的美觀，而忽略食物份量的多寡，更忽略了日本料理是由好幾道菜餚所組成，而非一小碟的料理。

文化的影響

觀察日本的飲食文化在其鄰國間如何發展是件很有趣的事情，尤其是中國。舉例來說，中國和日本在烹飪過程中使用很多一樣的香草、香辛料和醬汁，但做出來的日本料理

這幅浮世繪木版畫上所繪的是「名所江戶百景」中的一部分——堀切花菖蒲，作者是広重（1797-1858），這個菖蒲園至今仍有絡繹不絕的遊客到訪，而令這些版畫稱著的高雅同樣是製作一流日本料理的關鍵所在。

就大不相同。而且這兩個國家都盛行佛教，但日本的佛教卻衍生出茶會和佐以正式膳食的茶懷石料理，便是這兩個因素使得日本料理如此地獨特。

本書的使用

由於日本料理中的菜餚常以生食或僅稍加烹煮的菜式為主，因此新鮮材料的挑選及烹飪的準備工作就顯得尤其重要，實際上這也是製作日本料理真正的趣味所在。在接下來的幾節中我們將會介紹一些主要的材料和烹飪設備，並會對所有的製作方法與操作進行詳細說明。不需專門學問也不需特殊工具——除了一些必備的工具，如筷子外——大部分的廚房設備都足以完成日本料理的烹調，不必擔心會出現東缺西漏的混亂景象。

本書中的食譜囊括了日本各地以及民族的特色料理——從簡單又開胃的壽司到大家都樂於分享的馬鈴薯燉肉均有介紹。正如日本人常說的：「只需留意大自然為我們帶來了什麼，然後盡情享受它就好」。

日本橫跨緯度16度——北起俄羅斯，南至溫暖的太平洋，因此作物隨地域不同而有所差異。密集的山脈也增加了不同區域作物的多樣性，加上寒暖流在環繞這個島國的海洋交會，所以這海洋也屬於世界上最富饒的海域之一。

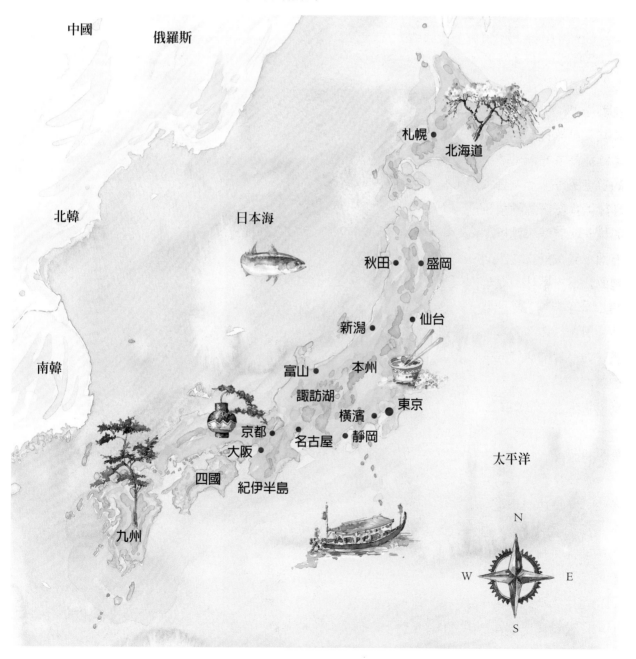

中國　俄羅斯

北韓

南韓

札幌　北海道

日本海

秋田　盛岡

新潟　仙台

富山　本州

諏訪湖

京都　橫濱　東京

大阪　名古屋　靜岡

四國　紀伊半島

九州

太平洋

N
W　E
S

日本料理的發展

日本與食物相關的史料最早可回溯到日本南部的史前居民遺跡中，其食物的種類多得驚人且具極高的營養價值，包括了野生動物——如山豬和鹿——與各式各樣的魚、貝及農作物、堅果和漿果等。多樣的烹調技術——切、壓、磨、烤、煮等都已十分進步；從一個約西元前200年的遺跡中可看出，當時的日本人已擁有多樣而均衡的理想飲食方式來滿足他們的需求。遠古日本早期複雜精密的烹飪法也是日本料理烹調法的本質之一——善於利用和改良大自然的豐厚贈禮以造福社會。

米飯：全民主食

在日本，米飯相當重要，以至於意為煮熟米飯的名詞，如ご飯或めし都能代表正餐。

↑這是繪於19世紀，「本朝名將鏡」畫系中一幅藤原忠衡（1189）的附詩肖像畫，12世紀後封建將領負責各地的行政工作，而大大改進了稻米的栽培技術。

↓広重（1797-1858）的這幅彩色木版畫表現了農民種植稻米的情景。

米飯不僅在日本料理中擔任主角，且從西元前2世紀引進日本以來，米飯和稻米的種植就已是支撐此民族的重要根基。

稻米很有可能是從東南亞引入日本的，而有關糧食種植最早的證據是在約西元前2世紀到西元2世紀間的村落遺跡中發現的。稻米的種植造成日本西部地區生活方式的革命，並迅速傳播到日本東部。日本最早的民族——大和民族形成於4世紀的日本西部，已知的第一部史載書籍中記錄了一種曾進貢給日本天皇的釀造清酒（一種由發酵稻米製成的酒精飲品）與「精釀稻米」的定義。

8-12世紀是日本貴族文化盛行的時期，稻米也在此時期奠定其主食的地位。儘管當時

広重（1797–1858）的彩色版畫呈現出運輸稻米的情形。

大部分人民均以黍類等較次等的穀物為食，但貴族們已可享用以各種方式烹煮的米飯；正是稻米的流行帶動其他附加食品的發展，如調味品、醬汁與各種烹調法。同時貴族階級也為飲食禮節的貢獻，也影響了日後的茶懷石料理——茶會時享用的餐點——與日本料理。

每年在皇宮裡舉行的慶典和儀式越來越多，其中包括佐以食物和清酒的神道教（日本國教）儀式；清酒一直被視為神聖的、能淨化邪惡靈魂的液體。飲食成為重要的產業，烹飪本身也轉化一種儀式：這點仍能從今日頂級日本廚師如何使用和保養其刀具中看出。

12世紀末，貴族社會為封建將領所取代，稻米的生產技術在封建制度下得以迅速提升；到13世紀，米飯已成為普羅大眾的日常主食。

以稻米為基礎的社會

稻米的生產是種集體加工的過程，村落則成為巨大的「稻米生產線」；幾百年來，村民們一代代地在同一塊土地上反覆耕種。日本民族就是建立在這種鄉村社會的基礎上，甚至在工業高度發展的現代日本，這種社會凝聚力仍然顯而易見。生產稻米需要高度密集的勞動力，且耗費大量的工時，此亦形成日本人勤奮、堅忍的工作觀。稻米的單位產量漸大，且超越其他作物，這也使得日本能夠在幾世紀以來成為人口密度最大的國家之一。

在日本，米飯的基本烹調法如煮、蒸、烤（炙）、烘焙，甚至是蒸鍋的普遍使用，約可追溯到西元前200年左右。此外由於稻米便於儲存，人們便將之作為日常食物來源，而其他來源不穩定的作物、肉類或需捕撈的魚貝類則不受青睞。稻米成為主食，而日本料理也以它為中心發展。

鹽的重要性

隨著稻米培育的不斷發展，鹽開始出現在烹飪歷史的舞台上，並扮演著一個重要的角色。從海洋中提煉的鹽取代了上一代的調味品——動物內臟。但因鹽很稀少又難以儲存，人們便將它與動植物纖維和蛋白質混合。這種被稱做ひしお（醬）的混合物其實是種富含營養的發酵品，同時也是一種調味品，它被公認為是日本烹飪史上的一次重要發展。

醬有三個基本種類，分別是穀醬（鹽漬米、大麥或豆類）、肉醬（海鮮或肉類）和草醬（植物、漿果或海藻）。醬後來漸漸躋身最著名也最重要的日本食物之列，如其中的味噌和醬油（穀醬）、塩辛和壽司（肉醬）以及漬物（草醬）。

發酵方式不斷地發展演進，而產生了用大麥、甘薯和糯米釀酒的產業。雖然最初這只是種含酒精的食品而非液體，但它卻是日本最著名的飲品——清酒的前身。

聖酒

在平安時代（8-12世紀），清酒漸漸成為各種儀式、典禮及酒會中不可或缺的一部分並廣受上層階級的歡迎，人們甚至將它視為聖酒。清酒分為兩種：不透明的しろき（白酒）和加入草灰的くろき（黑酒），其中黑酒會被送往神社供奉。

16世紀時，韓國人大量湧入日本，帶來可以普通稻米釀造清酒的新技術；在幾個世紀後，清酒便逐漸發展成為今日這種醇美、清澈的飲品。

清酒禮儀

15-17世紀間，日本確立了自己的飲酒禮儀，這是封建社會的衍生。通常需要最重要的客人以飲下三杯清酒作為宴席的開端，（這種儀式至今仍能在神道教式婚禮上看到，其間新娘和新郎會輪流飲用三杯清酒，每杯小啜三口。）在開場儀式完成後，賓客們便轉移到宴會廳，一場盛宴才算正式開始。在日本的宴會裡，清酒自然是當然的主角，而那些美味佳餚通通只能作為人們品味清酒時的陪襯品，這與葡萄酒在西方的發展狀況截然不同。

清酒仍被視作一種聖酒，按照傳統每年的第一桶清酒會被供奉給神社，如京都的天滿宮，清酒樽就擺放在神社的入口處。

外國的影響

在早期，中國和韓國這兩個鄰國給日本帶來巨大的影響，西元630-894年間，先後有十多個遣唐使團和五、六百個學子被派往當時正值唐代的中國，並帶回文化影響。日本的音標字母——假名，便是由漢字發展而來，而當時風靡於日本上流階層具中國藝術風格的物品更是影響他們各方面的生活，包括藝術、建築和食物等等。西元647年，一個中國僧侶向日本天皇進貢了羊奶和牛奶，天皇賜給他一份為皇室成員專職擠奶的工作；然而牛奶並未鞏固其在日本日常飲食的地位，不久後就徹底消失。在中國也是如此，在大約13世紀，它也隨著佛教禪宗的興盛而離開歷史舞臺。

→仍在長野縣神道教神社舉行的四条流包丁式，象徵性地切豆腐。

【右圖和下圖】日本本土的神道教和源自中國的佛教都對日本的烹調文化產生深遠的影響。

↓向神明奉納司轄區域中，一年首次收成蔬菜的儀式則在佛教寺廟裡舉行，有些寺廟還有自己的餐廳，但只供應素食。

佛教的影響

日本料理是以大量的魚類和蔬菜為基礎，即使有肉類其用量也非常少，且常常與蔬菜一同烹煮。此做法可追溯到西元6世紀，當時佛教首次由中國傳入日本，宣稱屠殺生靈和食用肉類是種罪行。西元675年，一紙皇令昭告天下禁食牛肉、馬肉、狗肉和雞肉。然而這道命令似乎並未完全生效，於是後來為紀念奈良東大寺大佛開眼，官方於西元752年頒佈了另

一條禁令。根據禁令，人們一整年都不能宰殺任何生物，根據記載，所有的漁民都得到稻米作爲補償。不過即使有這條禁令，「不殺生」的觀念也是到了9-12世紀期間才從寺廟的僧侶傳到上流社會，再普及到更廣大的群眾。在所有階級中，只有武士階層仍繼續保持他們的生活方式，盡情打獵和享用山豬、野鹿和野鳥。

禪宗及食典

12世紀末，佛教一支嚴謹的派系——禪宗，從中國傳入了日本，隨之而來的還有精進料理。這原本只是道簡單的素食料理，是廟裡的僧侶用來作爲其艱苦修行的一部分；它通常只包括一碗飯、一碗湯和一兩道其他的菜，而現在已成爲一頓正式的素食正餐。許多日本料理看來都很像素菜，但實際上其中的蔬菜多以魚類高湯煮過，真正的精進料理應是非常純粹的素食料理。

隨著禪宗哲學運動的發展，中國食品及烹調技術（尤其是煎製法）也被引進日本，其中最重要的就是茶葉。儘管早期的遣唐使曾將茶葉帶回日本，但茶直到12世紀末一名禪宗佛教徒把茶籽帶回日本才成爲佛教徒與上層階級的流行飲品，最終導致茶懷石料理（在茶會之前的一道膳食）的發展，也建立日式烹飪的模式。

貿易影響

外國人——包括西班牙人、葡萄牙人、荷蘭人和英國人——與日本的貿易往來從16世紀中開始，直至17世紀初，其間對日本產生極大的影響。外國人，尤其是葡萄牙和西班牙人被蔑稱爲「南蠻」（南方的野蠻人），因爲他們都是經由東南亞從南方抵達日本，且在日本人眼裡他們不夠感性、細膩，也不注重身體清潔。

然而外國的食物與烹調法對日本的影響至今仍很明顯，任何一種名字中有南蠻字眼的菜餚或醬汁皆源於此時期，南蠻漬け（浸泡在酸辣醬裡的炸魚或蔬菜）就是其中一道菜餚。（這個名字也用在其他事物，如畫作或家具的設計上。）

各國間的貿易往來也引進不少新品種蔬果，如西瓜、甘蔗、紅辣椒、無花果、馬鈴薯和南瓜；南瓜的名字源於它的故鄉——柬埔寨。葡萄牙人還帶來了番茄，只不過最初它是用來作爲擺設的植物。

這個時期最著名的進口物當屬由葡萄牙傳教士引進的天婦羅，現在它已成爲在西方世界和日本國內都非常受歡迎的

17世紀一種繪有南蠻人形象的漆器飯盒，日本人把早期的歐洲人，尤其是西班牙人和葡萄牙人稱做「南蠻」，意即南方的野蠻人。

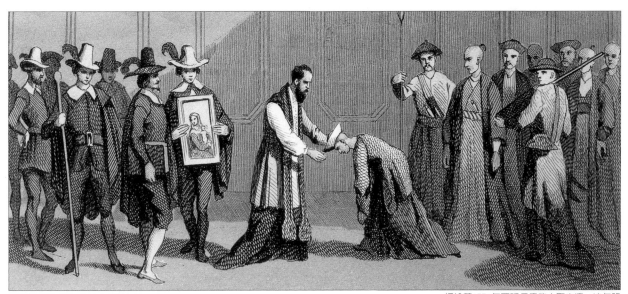

一道料理。關於天婦羅這名詞的起源有好幾種說法，最可能的是源於拉丁文tempora，其意為四季節；或與羅馬天主教徒被禁止吃肉而以魚肉代替的Quattuor Tempora典故有關。還有種說法認為，這個詞來自葡萄牙語的tempero，意為調味品，但沒有人確實地知道正確的解釋。不過有件事是確定的：德川家的第一位將軍德川家康因太喜歡吃嘉鱲魚天婦羅，甚至食用過量而死。

食用肉品的習慣被南蠻人再次引進日本並在信仰天主教的封建地主階層大為流行。（日本南部，九州的長崎市仍有一個很大的天主教團體。）

糖果和蛋糕後來也在進口物品的行列中，其中有很多種至今仍使用它們的外國名字，如金平糖與有平糖都是尖細的糖球，其名字源於葡萄牙語的confeitos和alfeloa，又如日文中字源是calamela的カルメラ（椪糖）——一種用糖熬製的甜食；還有大家熟知的長崎特產カステラ（蜂蜜蛋糕）的字源則是castella。另外還有些飲品，如燒酎和紅酒也是在這時期引進日本，它們都被視為南蠻人的飲品。

陶瓷食器

外國對日本料理另一意義深遠的影響則是陶瓷食器的重大發展，韓國於1592年遭日本侵略後，一些韓國陶瓷匠被帶回日本。這些韓國陶瓷匠的技

日本的陶瓷以其優良技術而享有聲譽，由此19世紀的薩摩瓷瓶可很明白地看出。

術大大超越了當時日本的陶瓷工藝水平，他們還幫助日本奠定了本土陶瓷工業根基。甚至可說最早是韓國人在有田製出今日聞名於世的日本陶瓷。

從此陶瓷食器成為最時髦的食器，日本也發展成世界最大的瓷器製造國之一。日本生產各種製作精美的瓷器，像備前燒、萩燒、伊万里燒、唐津燒、九谷燒、益子燒、美濃燒和瀨戶燒等。同一時期，玻璃器皿也漸漸在日本傳播開來。

各式精美食器為食物增色，對瓷器樣式的考究也促使日本的飲食文化發展得更為精緻，至今食器仍是日本料理的要素之一。近年來，日本食器發展得更豐富多彩且登上時代舞臺，不少設計是來自外國，如Wedgwood（威基伍德）。

鎖國政策的後果

自17世紀初起，日本為讓和食建立獨特風格而使全國閉關自守，與外界隔絕260年之久。幕府將軍的出現使東京成為日本首都，但京都仍是全國的文化重心。隨著醬油和糖等新調味品的引進，貴族階級和寺廟的懷石料理也得到更進一步的發展。

所有由領主統治的地區漸漸開始進行工業化發展，本地特產的競爭力增長極為迅速，生產和貿易水準也大為提高。東京與鄰近京都的大阪成為所有食物和各式烹飪技術匯集的中心。地方貴族受命帶著當地特產輪流訪問東京，因此新配料和各種烹飪方式源源不斷地由各地方進入此地，進而成就了我們今日所見日本料理如此豐富的內容和風格。

餐館的出現亦對和食產生很大的影響，東京第一家餐館開設於17世紀末，隨後許多的餐館也爭相出現在街頭巷尾。這些餐館都擁有至少一種招牌菜色或醬汁，如壽司、蕎麥麵、蒲燒鰻或天婦羅，日本餐館的此特色一直保持到今日。

重開日本國門

自19世紀中葉日本重開國門後，肉製品再度進入日本社會；1872年日本明治天皇開始食用牛肉，此舉迅速引起全國觀念的轉變，大家開始覺得吃肉是種新鮮而時髦的飲食方式。以牛肉為原料的菜色，如

圖中所畫的是早期日本火車上的乘客，傳統與現代在此交融。

壽喜燒和涮涮鍋就是此時期的產物；法式和英式麵包也大量地湧入日本，不過它們只是被當作零食或小吃。

隨著新引進的歐式烹飪法以及調味品與日式烹飪的結合，出現了許多中和式的菜餚，與和食相對地它們被稱為洋食（西洋食物），其中最著名的是炸豬排，炸豬排餐館在當時的日本隨處可見。

事實上，儘管日本的鎖國政策拖延其現代化進程200年之久，但也正是這個時期使得日本完善了具本國特色的烹飪風格。因此，日本並不曾被蜂擁而入的各式西方料理所吞沒，而是以一種積極的方式讓本國的烹飪風格與西方各國相互影響。

日本開放國門前的典型街景，作於1850年。

壽司：世界新寵兒

日本最爲著名的壽司被稱做握り（握壽司），是由完全手工製成的醋飯，上面放生魚片，約一指長的飯糰。它只是各種壽司中的一種，是在東京發明的一個比較新的種類。沒有人確實知道「壽司」這個詞是何時發明的，嚴格來說「壽司」的意思是指醋（最初米飯都是被丟棄的），但是後來醋飯成爲不可或缺的原料，壽司也漸漸發展成爲專指以醋飯製成料理的專有名詞。

日本北部的宮古市一家當地壽司店裡，廚師正在櫃檯後製作壽司。

押壽司

日本歷史最悠久的壽司是滋賀縣的鮒壽司，這是種なれ寿司（押壽司），以淡水魚如鯽魚、泥鰍或鮎魚爲食材。魚先以鹽醃一段時間後裹在炒過的米飯和鹽中。這是種魚的保存法，米飯和鹽將被丟棄。這種活躍期最長久的壽司可追溯到被稱爲醬的生魚肉與鹽的混合

物，不過也有些說法認爲，它來自中國於西元前三百年時使用的魚肉保存法。雖然中國曾有過使用混合米飯和鹽保存魚肉的時期，但此技術到17世紀就從中國徹底消失。

現代壽司

なれ寿司發展成現代壽司的過程相當值得歷史記載。其製作被簡化：なれ寿司原本需要長達一年的壓製，現在被減

至只需十天，因此米飯在完全發酵前也可以被食用。爲了延遲發酵並防止生魚片腐化，米飯裡加了醋，於是誕生了簡單的押壽司，意爲壓製的壽司，它是關西的特殊料理。於19世紀進入東京，製作過程隨著握壽司而迅速發展。

握壽司也稱作江戶前，是種在街頭巷尾的小店裡均有售的小吃，它算是當時的速食，時至今日它仍是壽司中最著名的一種。

今日，壽司店多不勝數，做壽司的師傅們需要好幾年的訓練，他們被視爲技術精湛的藝術家。事實上，一流的壽司店價格都非常昂貴，所以雖然壽司只是種小吃，無疑地，也是種高級小吃。

日本九州別府，一家小壽司店的外觀。送外賣的男孩子們就騎著摩托車把新鮮的壽司送到顧客家中。

茶道

一幅19世紀的木版畫，描繪的是幕府時代將軍用茶的情景。

若說讓喝茶成為一種生活方式的是英國人，那麼將此轉化為一種藝術形式的則非日本人莫屬。「茶道」一詞是ちゃどう或さとう兩詞較為人接受的一種譯法，其字面意思是「茶之道」。它還有另一個說法是茶の湯，這些禮儀形式只是隱含深遠哲理和意義的場合中的一部分而已。若說茶道是日本文化本身不可或缺的一部分，它包括了各種形式的視覺性藝術，如畫軸、書法、陶藝、花道甚至建築等則是一點

1833年的一幅木版畫，描繪的是東海道——由東京通往大阪的一條古老街道——的一間路邊茶鋪。

都不誇張。茶道表現了日本的生活哲學和禮儀，其目的不僅是喝茶，同時還是賓主間的一種娛樂和消遣。它教導人們辨別自己在社會上所處的位置以及應該如何為人處事。

時至今日，茶道已喪失了與佛教禪宗間大部分的聯繫，不過它仍很受廣大婦女的歡迎，尤其是年輕女子最喜歡將它作為新娘課程之一。茶道的學習通常需要花費十多年的時間，不過學習的過程也可能會貫穿一個人的一生。

茶道體現了奉茶者與用茶者間的坦誠、尊重、氣氛與寧靜。喝茶時所處的亭閣或茶室周圍總有花園圍繞，在這樣的自然美景中，用茶者的身心都恍若置身天堂。

早期茶的飲用

茶葉最早從中國引進日本的時間是8世紀，但直到荣西禪師（1141-1215）於1191年將茶籽從中國再次帶回日本後，喝茶和舉辦茶會的習慣才漸漸開始流行於佛教徒、貴族和武士階級間。早期的喝茶形式包括試品會，用茶的賓客們會打賭競猜將要飲用的茶是何品種，接著通常還會有個清酒會。在15-16世紀戰國年間，茶會開始追尋在寧靜中品茗的意境，以逃避戰亂的動盪。

另一位禪宗大師村田珠光（1423-1502）將茶會發展得更為高雅，他提出要更加強調禪宗哲理的侘寂（平靜和簡單）並建立わび茶。他還援用禪宗教義——「一期一會」，字面意思是一生一會，即與會者應將每一次的聚會當作一生只有一次，永遠不會再來的相聚，這大大擴展了茶道的意義和人們對它的理解。

茶の湯的實行

今日的茶道需歸功於茶道大師千利休（1522-1591），是他將哲理透過精心佈置茶道各方面的細節而展現。在他的一生中，茶道逐漸受到很高的評價，被視為一種社交且富含哲理的活動，他還連續被兩位將

軍——織田信長和豐臣秀吉任命為茶師。不幸的是，因他權勢日漸壯大以至威脅到豐臣秀吉的地位，而最終被這位將軍降罪並責令自盡。

利休的茶道中心思想可總結為以下四個主要特徵：和（和諧）敬（尊重）清（清潔）寂（平靜）。然而在實踐方面，他定了七條規則：斟茶的量需視情況增添、木炭只需足以煮沸並保溫茶壺中的水即可、茶室裡的鮮花需插得如同綻放於原野般、飲茶時茶室內的溫度要冬暖夏涼、茶會的準備需提早完成、即使天氣再好也要提

防降雨、誠心地對待賓客。

時至今日，千利休的孫子所建立的三個流派——裡千家流、表千家流和武者小路千家流仍謹遵其思想，這些思想不僅風行於日本亦盛行於海外。

和禪宗虛無的思想一樣，茶道的核心思想也必然地成為一種信仰，人們由此知道自己在一個緊密結合的社會中應如何對待他人，更為他人著想而非自私自利。日本在二戰後經濟的擴展和迅速工業化已成為這個時代的楷模，可惜這一哲理很難在現代這樣一個以自我為中心的時代得到體現。

傳統上，茶道是日本女子新娘課程很重要的一部分，可能還會伴隨她們的一生。

茶事和茶懷石料理

　　與茶道的發展同時，精進料理（佛教禪宗僧侶的齋菜）也從中國引進日本，這些飯菜不僅全素還很節制。茶懷石料理便是和精進料理一起發展，早期的茶懷石料理只有幾碗飯和湯，還有至多三道菜。

　　以茶懷石料理相伴的茶會被稱做茶事，茶會的重要性超過膳食，因此料理最先上桌，以免影響品茶，漸漸的這道膳食發展成為懷石料理（一種菜色多樣的正餐）。

　　「懷石」源自「懷抱中的石頭」，僧侶們經常將這些加熱過的石頭貼在身上抵擋饑寒。今日的茶懷石料理包括米飯、湯、冷盤、燒物、煮物、清湯、主菜、醬菜、熱水與清酒，有時會視情況加一道魚料理或燒物以及醬菜。這些菜餚與裝盤都應反映茶事時的季節特徵。

正式的茶會

　　舉辦茶事的七個主要時間如下：

　　正午茶事：最正式的時間，在中午11-12點間開始。

　　朝茶事：只在夏天舉辦，從早上6點開始。

　　夜咄茶事：只在冬季舉辦，從日暮時分開始。

　　曉茶事：在冬至時舉辦，從早晨4點開始。

　　跡見茶事：專為無法出席者所舉辦的茶事。

　　飯後茶事：只在早餐、午餐或晚餐飯後飲用的茶。

　　不時茶事：為意外到訪的客人所準備。

　　其程序視場合而定，包含好幾個流程，這是種既正式又複雜且長時間的儀式性活動，對大部分的西方人來說既讓人退縮又忍不住著迷。

茶會的儀式

　　以下是正午茶事的大致說明，也許不能準確地描述此場合的感覺：第一位客人由一扇非常小的拉門（通常與狗洞一般大，又稱「躪口」）進入茶室，客人落座前會先讚賞畫軸及插花，而座位則依客人身份而定。懷石料理會盛在獨立的托盤裡，此階段可能會持續兩小時，接著是拜見初炭（觀賞美麗的火焰）並觀賞或嗅聞熏香盒並呈上和菓子，之後退到腰掛（休息室或接客室）。

　　從躪口再次回到茶室後開始敬濃茶，主人在客人面前用壺裡的開水沏抹茶（研成粉末的茶葉，茶被攪成糊狀，其名亦由此而來）。茶碗會在眾人間傳遞一圈，每人都從同一茶碗裡啜一口茶。接著開始拜見後炭並開始上薄茶，沏茶者再次準備茶水，不過這次濃度較薄，且每個人都有一個茶碗。最後客人們在休息前再次欣賞茶碗、畫軸和鮮花。自始至終，沏茶者（即主人）會主導賓客間的對話，而其他的客人則不宜說得過多。

　　在冬半年期間，以上流程從初炭至茶懷石料理間會有些微變化。

　　隨著季節變化，茶會使用的工具、設備、畫軸、鮮花和茶點都有所不同，賓客所穿戴的和服也會隨之變化。茶會通常會持續好幾個小時，這對於年輕女性來說是件非常累人的事，因為她們平時都不太習慣穿和服，而且要一直正座。儘管如此，茶會卻能讓人有伴隨著強烈存在感的興奮，並沈浸在這個逐漸被遺忘的文化中。

傳統與節慶

日本至今仍保留著一些古老的傳統和節慶，不管是全家人一起歡度的兒童節還是盛大的全國慶典，街上總是有熱鬧的遊行隊伍，人們也都穿上全套的武士裝扮來慶祝。而在這樣的日子裡絕對少不了特別的節慶食品。今日，人們已不像過去般為每個節日準備料理，但他們仍會製作或購買一些特別的飲食。以下將介紹日本一年中的節日及節慶食品。

新年

每年的一月一日是日本年曆最重要的一天，這天人們會到神社祈福，請神明保佑未來一年幸福安康。被稱做御節料理的節慶食品通常盛放在叫做重箱的分層漆器裡，包括各種熟食如昆布、黑豆、鯡魚卵和小魚乾，菜色多樣且代表著人們對幸福和昌盛的期望。御節料理是種早午餐，或許是為了方便人們從神社歸來後食用，之後人們還會食用御ぞに（御雜煮）。新年的慶祝會持續3-7天，具體時間視地區而異，在此期間人們會探訪親友並和同事聚餐。御節料理和御雜煮是此時期的主要食品。

七草粥日

每年的1月7日人們都會食用七草粥（用七種草煮的米粥），這七種草是芹（芹荣）、薺（薺荣）、御形（鼠麴草）、繁縷、仏の座（佛座）、菘（蕪菁）與蘿蔔。這些日本傳統草藥承載了人們祈求來年能保持身體健康。但今日這些野生草藥較不易取得，於是會以其他品種代替。

立春之日

日本的夏天十分炎熱、潮濕，但冬天卻乾燥、嚴寒，春秋兩季介於其間，非常的溫暖宜人，每個季節剛好三個月。2月4日是立春之日，這是個特別受歡迎的日子，通常在立春之日的前一晚有撒豆儀式。此儀式撒的是烤黃豆，目的在於趕走屋子裡的鬼，撒豆的同時還要說「福進來，鬼出去」的吉祥話。之後每人得食用和年齡等量的豆子，如此則可以保護他們不受傷害。每個屋子的大門通常會掛上柊樹枝和沙丁魚頭以嚇走鬼，不過已少有人這麼做，尤其是大都市。

女兒節（雛祭）

女兒節也稱作「人形節」或「桃節」，每年的3月3日有小女孩的家庭都會為小女孩慶祝其健康成長。在這天人們會在鋪著紅毯的雛壇放上精心製作的人偶，人偶則是根據平安時代（794-1185）貴族的裝束而描繪，天皇和皇后的人偶放在最上層，以下幾層（一套完整的人偶共有七層之多）則放置臣子和相應的裝飾品。另外還

新年，木版畫，作者是國貞（1786-1864），放風箏是新年的傳統活動。

描繪的是某地區櫻花盛開時期的元宵節，作於1912年；賞櫻活動在日本相當盛行。

會放上色彩多樣而鮮豔的雛霰、菱餅與一杯以熱水稀釋的白清酒。

春分之日／秋分之日

春分（3月21日）和秋分（9月23日）前後七天會有傳統的佛教節日——彼岸會，這幾天裡人們前往家族墓地吊唁先人。此時期的特別食品叫御萩，是種裹著紅豆泥的飯糰。紅豆常作為節慶食品，大概是因其擁有喜慶的紅色，不過這天為何要食用御萩還是個謎。

賞花與花祭（灌仏會）

日本人愛花是世界有名的，四月初櫻花盛開時，所有電視臺都會有天氣預報般的櫻花前線報導。人們藉著櫻花盛開的時期和家人、好友與同事來到櫻花樹下歡聚，並充分地放鬆直到深夜。此時期沒有特定的食品，不過很多人都會自備便當、清酒、啤酒和威士忌。4月8日是佛祖誕辰，這天寺廟會舉行花祭，人們會把甘茶撒在佛像上後再喝盡。

端午節

端午節也稱作兒童節，正如3月3日是女兒節，日本人在每年5月5日慶祝小男孩的健康成長。這天人們會在屋頂或花園的長桿繫上彩色的鯉魚旗使其隨風飛揚。這些栩栩如生的「活」鯉魚勇敢地迎接挑戰，翻越激盪的瀑布，勇敢地躍「龍門」，家人便以其祝願男孩像鯉魚般朝氣蓬勃，奮發有為，這天人們會食用柏餅（以橡樹葉裹著包紅豆泥的麻糬）。

夏天的節日

日本與愛情有關的節日和一些傳統活動都在夏天進行，並以7月7日的七夕為開場。京都的祇園祭是日本三大重要慶典之一，在7月17-24日間舉行，並伴隨著各種神道教節日。在這些節日中需將視為聖酒的清酒供奉給天神和女神。

夏天還有盛大的花火會，而最著名的花火大會是七月底於東京隅田川畔舉行，每年的此時節很盛行在河岸邊或河面上的小船裡聚會。

盂蘭盆會是佛教為迎接故人的亡靈於8月16日回到家中祠

鯉魚從很久以前開始就象徵著勇氣，它表達了家人希望男孩子能夠成長為擁有鯉魚的勇敢和強健的男子漢。

堂所舉行的儀式，此儀式會讓整個日本一整週都沈浸在寧靜中，因爲到外地工作的遊子都會回到老家吊唁先人。8月16日的京都大文字燒，從遠處就能看到山頂上燃起的火焰，其形狀就像「大」字，相傳這與盂蘭盆會有關。各地區的夏季節日都在這時期前後舉行，人們還會穿著浴衣跳舞，而各種小吃攤則是廟會的特色。

月見（中秋節）

約在9月17日前後的滿月夜，家人會在賞月的窗邊擺放著一盤團子和象徵秋收的食物，如馬鈴薯與插在花瓶中的蒲葦草。一個月後的滿月則以栗子爲主並以相同方式度過。

七五三

11月15日，日本人會慶祝孩子們滿三歲、五歲和七歲，而正好有處在這個年齡孩子的家庭則會帶著孩子們去神社參拜。這天孩子們會食用友人贈送，代表著家人祝福孩子健康長壽的紅白相間糖果——千歲飴，這天家裡通常會烹煮紅豆飯以慶祝。

冬至

冬至多是12月23日，有個古老的習俗是在這天要把柚子汁加入水中洗熱水澡，據說這會讓沐浴者健健康康地度過寒冬。還有個傳統是要在這天食

1853年広重的彩色木版畫，描繪的是津島天王祭時的畫舫。

用南瓜，它通常是以小米粥熬煮。柚子和南瓜也常被供奉給天神，以傳達人們對春天的期盼。

除夕

日本人度過除夕的慣例是一邊食用蕎麥麵，一邊聆聽108次的鐘響，鐘聲代表著108種罪惡的消亡。鐘聲會在午夜響起，從廟宇中一直擴散開來並傳遍整個日本。除夕這天人們會非常忙碌，因爲要爲新年作準備；江戶時代（1603-1867）的商人們尤其重視這一點，他們會在這天中將一整年的帳目都結算清楚。蕎麥麵在當時是種理想的速食，演變至後來，在除夕食用蕎麥麵便成爲全國性的傳統。

季節性與地域性食材

基本上，日本的每一季都是三個月，產物和魚類都依季節而有不同的收穫。日本的地理位置跨越16度緯度——最北接近俄羅斯和南韓，最南延伸至太平洋——作物也因此而變化。綿延的山脈由北而南穿越日本，佔據全國75-80%的地區。因此日本的作物不僅依季節和地區變化，還會因為海拔高度而改變。

寒暖流的交會使得日本海域成為全球漁業最發達的海域之一。而日本人每天約消耗掉三千種魚貝，其中還不包括各地區的種類。

季節概念在日本料理中根深蒂固，日文中甚至有專門表示當季食品的名詞——旬，此概念深植日本人腦海——作菜時都須採用當季食材。

一排目刺（從眼中穿過串起來的半乾沙丁魚串），日本一種十分普遍的日常點心。

東京的市場中，可同時看到生鮮食品與乾貨。

季節性食品和菜式

無庸置疑地，如此具地方特色的料理得益於豐饒的海域及新鮮且多樣的地方作物，以下要介紹的是日本的魚類、蔬菜與典型的季節性料理。

春季

早春時節的蔬菜如豆類、蠶豆和豌豆都相當脆嫩，此時的特色料理是鮮筍燉飯；嫩薑芽則用來製成烤魚和壽司佐料的醋醃薑片。早春也是在海灘撿蛤蜊的好季節，河邊的垂釣者可收穫河鱒，此時日本的草莓也到了可以採摘的時候。

夏季

這季節新生的鰹魚或齒鰹（煙仔魚）會在五月初到來，這個時期半烤鰹魚（用香草和香辛料烤製的鰹魚生魚片）非常珍貴。其他的魚如竹莢魚、旗魚、鱸魚和鮪魚都正值產季，且最好是做成生魚片食用。

在炎熱的夏天，以開水稍微燙過新鮮毛豆後配冰啤酒享用，六月初即可收穫梅子。這個月是廚師們醃漬食物的好時機，好為今年或來年的梅酒準備辣韭、梅干和梅酒。

秋季

在日本，若沒有吃過烤秋刀魚或聞過鄰居烤秋刀魚時的香味，就不算是真正的秋天。鮭魚、鯖魚和海鯛都是這時節的產物，其中，鮭魚需用鹽醃製食用，其他的魚則可生食。

茄子的評價極高，婆婆們甚至會把它們藏起來不讓媳婦食用。而菇類之王的松茸則佔

據了這個季節，人們常將它和米飯一起炒或以清湯蒸煮。秋天也是水果的產季，尤其是美麗的柿子也在這季節收成。

冬季

冬季最著名的魚類非河豚莫屬，因其肝臟被證實含有致命毒素，故需持有專門執照才能處理河豚，河豚火鍋和鮟鱇魚火鍋都是這季節的佳餚。

春菊是這季節的產物，也是火鍋的最佳配菜。大白菜和白蘿蔔這兩種日本最有名的蔬菜在這季長得最好，會被大量醃製以供來月食用。柑橘類水果如蜜柑和柚子也正值產季，柚子甚至用來撒在浴池中（切開後加入水中，需要量很大）。在結冰的湖上釣日本公魚更是垂釣者最愛的消遣。

地域性食品和菜色

各地的食物和菜色從北部的北海道到南部的九州變化相當大，因此「當季作物是什麼？」和「這裡的特產是什麼？」是日本料理愛好者不管去哪裡都會碰到的問題。雖然東京和大阪都有各地風味的餐館，但當地餐館才是品嘗地方風味的最佳去處。各地均以特產自豪，甚至以當地食材製作富當地風格的便當，並在主幹線的車站月臺出售，以下將介紹一些著名的鐵路便當好對地區性食品有個快速的瞭解。

北海道

大部分的海鮮（螃蟹、牡蠣、槍烏賊、鮭、鱒、鯡、鱈和昆布）都產自這裡，北海道是日本唯一的綿羊產區，因此當地的特產之一便是成吉思汗鍋（烤小羊肉）；拉麵，尤其是味噌拉麵最初是從札幌發展的。此地區的便當有長万部車站的蟹飯便當、旭川的蝦夷わっば便當（以北海道特產佐米飯）與森町的いかめし（烏賊飯）。

一個東京市場裡的水果販售架。

本州島北部

從秋田、新潟直到面朝日本海的富山這一帶是日本寶貴的稻米之鄉，且盛產最棒的清酒。當地的物產還包括各種的山菜和秋田的舞茸。秋田的冬季特產是種用當地產的鰰魚製成叫做しょっつる的魚醬火鍋，而一口蕎麥麵則是盛岡的特產。仙台的魚製品也不少，如笹かまぼこ（以竹葉包裹的鰈魚魚板），附近的水戶則以當地的納豆製品最為著名。

地區性的鐵路便當包括如秋田車站出售的わっぱ舞茸便當、盛岡車站的山菜栗子飯便當、新潟的牛飯便當和仙台的鮭はこめし便當。

東京和中部地方

日本首都及其周邊地區如關東，不再以生產農產品為主，而成為地區性食物和料理的烹飪中心。它擁有全國最好

東京築地市場有世界最多種類的魚，每天約有3,000種的魚貝類在此銷售。

日本各地大量出產菇類，它是日常烹飪中不可或缺的一部分。

的日本料理餐館，還有其他各種傳統菜餚。關東料理比關西料理用更多的調味品和醬油；握壽司（放有生魚片的指狀壽司）便是關東料理的代表。

信州是日本中部山區，其名產有蕎麥麵、芥末、葡萄、紅酒以及諏訪湖的鰻魚；而位於太平洋岸的靜岡縣則產茶葉和蜜柑。橫川的釜飯約從50年前鐵路便當出現以來就是所有鐵路便當中最有名的一種。

關西及其以西

關西是日本料理中地位極重要的區域，人們普遍認為舊都——京都是日本料理的誕生地，而大阪則是當代日本料理的中心，與大阪的接觸也明顯地體現在食物中。

當地特產包括烏龍麵和烏龍麵すき（加入烏龍麵、牛肉與蔬菜的涮涮鍋），京都有許多美好而寧靜的料亭（舊時小旅館風格的餐館），其湯葉（腐皮）也仍是以手工製作。關西出產最好的日本和牛，也叫作神戶牛或松阪牛，其他的牛肉料理如壽喜燒（用甜醬油炒的牛肉和蔬菜）、涮涮鍋和牛排都是當地特產。關西的壽喜燒鐵路便當，有個附在盒上的特殊設備專門用來加熱神戶牛肉。日本的第三大城——名古屋生產的

八丁味噌（黑味噌）和扁麵都是當地的特色料理。

大阪南邊的紀伊半島盛產茶葉和蜜柑，且有許多能享用美味素麵（麵線）的地方，而富山站販售的鱒魚壽司和新宮市的目張り寿司（睜眼壽司——醃漬薺菜葉包裹的壽司）是此區最古老的兩種鐵路便當。

四國和九州

在這兩個南方的島上，常年生產新鮮的魚貝類，土佐のたたき（半烤鰹魚）是四國的名產。四國亦生產各種柑橘類水果，而九州則是日本最大的香菇產地。博多車站販售的かしわ飯（雞肉飯）、德島的小鯛壽司、高松的穴子飯（鰻魚飯）以及西鹿兒島的豚骨便當（和米飯一起燉的黑豬肉）是幾種最好的鐵路便當。

東京上野區アメ橫町繁忙的典型果菜市場。

烹調與用餐

日本料理的宗旨是盡可能地保持食物的原味，因此其調味品必須挑選最好的——需非常新鮮且符合季節。若有些食物需經過烹調，則只能以最短的時間烹煮。日本的烹飪哲學認為蔬菜只有在生吃或稍微炒過時才最好吃，因為這能保持其脆嫩的口感，也可以將生菜以鹽稍微醃漬後過水食用。

事前準備與烹調方法

製作日本料理最值得注意的是準備工作，因為是使用筷子食用日本料理，所有食物皆須切成一口大小。形狀各異、紋理不同的蔬菜則需烹調至合適的脆度，才能既好吃又美觀。新鮮的魚一般都有填料或切片作生魚片食用，肉也常切片或會切碎烹調。

如果食物——尤其是蔬菜——需要烹調的話，通常只稍

東京一間相撲火鍋店，就在相撲館和相撲選手的住所附近。

微炒過以保持其清脆。烹調法包括煮、烤、蒸和炸，烘烤基本上不是日本料理的作法。有時人們會把魚和蔬菜放在網架上直接以火烘烤，但因會產生大量的煙，故大多數的現代家庭已不採用此法，因此油炸用鍋也很可能被替換掉。日本的烹調法除上述幾種外，還包括醃漬和浸泡。

典型膳食

傳統的日本早餐非常豐盛，包括熱米飯、味噌湯、玉子燒（煎蛋捲）、醬菜和烤鹹魚（如竹筴魚）。但日漸忙碌的日本人，尤其是年輕人更偏好西式速食如麵包、火腿、沙拉及水果，再加一杯茶或咖啡。

蕎麥麵、烏龍麵和中國風味的拉麵是家庭或餐館午餐時的最愛，一人份的料理多為一碗炸豬排飯、一個便當或咖哩飯。據說有半數的日本人每天外食，多數人的午餐在餐館解決而非自己帶便當，現在的媽媽通常只為孩子們準備便當。

晚餐在日本家庭是很隨便的一件事，每個人只食用一碗飯、一碗味噌湯，可能還有一

在東京銀座區一家裝飾著紅燈籠的居酒屋。

↑一家人常是圍坐在暖爐桌邊用餐。

道魚或肉做的主菜，兩三樣其他菜餚如炒蔬菜，醃魚和醬菜則會放在桌子中央讓全家人隨意取用。有時人們會添一碗飯或一碗湯，最後通常會以水果或飲用綠茶作為晚餐的結束。

規劃菜單

正式的日本宴會必須以冷盤、清湯和生魚片開場，接著上烤魚、煮物和漬物，最後是炸物，並會伴有醋漬或沙拉；最後以一碗米飯、味噌湯和醬菜作結，每道菜都會放在單獨的碟子裡。日本料理中幾乎沒有餐後甜點，大概是因為糖只用在開胃菜，而且食用了這麼多道菜餚後，已再也吃不下其他東西。而在喝茶時搭配的和菓子在正餐後食用又顯太膩，

禮節

日本的習慣是當他人為你倒飲品時，你必須端著自己的酒杯或玻璃杯以示禮貌。

整個用餐過程中都用同一雙筷子，不用筷子時，若桌上有筷架則應將筷子擱在上面。筷子必須放在你的旁邊，並且與桌子的邊緣平行。千萬不要將筷子直插在米飯裡，因為日本人是非常迷信的，將筷子直立地插在米飯裡會讓他們想起葬禮上插在爐灰中的線香。也千萬不要用筷子傳遞食物，在日本的葬禮上，死者親屬會以這種方式從骨灰中撿出骨頭並互相傳遞。

↓傳統日式旅館中用餐時的情景，食物個別盛放在每個用餐者的碟子裡。

因此一般宴會的尾聲，多以新鮮水果或喝些綠茶作結。溫熱的清酒則是從開席飲用到上米飯前。

在家裡食用的傳統而簡單的晚餐則是每人一碗飯和湯以及至少三樣做法不同的主菜，如生魚片、烤魚和炒蔬菜，它們都放在桌子的中間以便全家人自由取到各自的碟中食用。

而家庭宴會的標準菜單則包括一盤下酒的開胃菜，第一道菜、主菜和幾碗飯、湯還有醬菜。飯上桌後就不會再供應清酒或一般的葡萄酒，最後則是以水果和綠茶作結。

飲品

很多西方人試著找出最適合搭配日本料理飲用的酒，有些美食家和品酒家宣稱香檳是最適合與之搭配的酒。但沒有任何酒比得上醇美、精緻的清酒，因其不會掩蓋日本料理微妙的風味，且一般的酒都是作為主食的陪襯，而清酒則是和日本料理一起，甚或是為了品嚐清酒而發展的。

比起其他的酒，日本人更常喝的是啤酒，通常在飯前先喝上一大杯冰啤酒。喝過啤酒後常會飲用清酒——夏天冰鎮，冬天則溫熱後喝——或燒酎（粗清酒）。目前最流行的燒酎飲用法是以熱水稀釋燒酎並加入梅干。

菜單設計

以下介紹的是一些傳統的各季節菜單設計。

春季

燻鮭魚押壽司
若竹煮（以魚肉高湯煮的醃竹筍）
照燒牛肉
雞肉料理（和雞肉一起醃漬的各色蔬菜）
豌豆飯和蔥花蛤蜊味噌湯
各色新鮮水果和綠茶

夏季

鹽煮毛豆
半烤鰹魚
元雞肉和青豆
白飯和海帶芽豆腐味噌湯
洋菜凍水果沙拉與麥茶

秋季

日式烤雞肉串
味噌燒茄子
天婦羅
白飯、松茸清湯和麵線
柿子和綠茶

日式烤雞肉串

鯖魚押壽司

冬季

芝麻醬拌春菊
鯖魚龍田揚げ
壽喜燒
白飯
紅豆羊羹和綠茶

壽司宴會

以下是兩種典型的壽司宴會菜單，很適合在家做，既簡單又有趣。

範例1

日式烤雞肉串
和風沙拉
綜合壽司，如鯖魚押壽司和三色海苔捲壽司
水果和綠茶

範例2

烤雞肉丸子
鹽蒸南瓜
手捲壽司
綜合醬菜
水果和綠茶

烹飪設備及器具

日本料理中最重要的部分是準備工作，尤其是刀工，因此日式廚房備有成套的烹飪器具以保證新鮮食材不會被破壞。天然材質如木製、竹製的器具或陶器和石器，因為它們對新鮮材料來說質地更為溫和，且能吸收多餘的水分，所以較現代的不銹鋼或塑膠器具要更受到偏愛。

若你的廚房設備已十分完善，且有幾項基本的必備工具如各種鋒利的刀具和砧板，及一些精心挑選的西式器具，則在製作日本料理時，完全不需增添任何特別的工具。不過一些傳統的日式器具，如磨茉板會很有幫助。

以下介紹的器材在廚房用具商店或日式專賣店均有售。

刀具

對日本人來說，刀具是廚師的靈魂；專業的廚師都有專屬的一套刀具，且不管在哪裡工作都會隨身帶著它們。在此介紹二十餘種專業廚房用刀具，家庭用的普通刀具與高級西式刀具相去不遠，但生魚片刀除外，這是長約30公分，寬2.5公分的鋒利刀刃。

許多日本刀具只有一邊有鋒利的刀口，比起西式的同種刀具顯得更薄，也更適合做精細的切工。日本製的頂級刀具是用一片碳化鋼做成，做工和日本軍刀一樣，刀面通常會刻有製刀人的名字。

較次級的刀具則由兩片鋼製成，只有刀刃側是碳化鋼，其餘部分則是較軟的鋼。鋼很容易生鏽，故需時常注意保養。不銹鋼刀、軋鋼刀和陶瓷刀是家庭用具的不錯選擇，也都很容易買到。

一套標準的刀具包括一把切菜的薄刀、切魚、肉和家禽的寬刃刀、切魚片的生魚片刀和一把削皮及切碎食材的小刀。買刀前要看刀面刻的製造者姓名，因那代表著品質。

日式切法

料理的配料必須切成易於用筷子食用的大小和形狀，常切的形狀有好幾種，且每一種都有各自的名稱，如千切り（細條形）、輪切り（圓形）、霰（方形）、半月（半月形）、短冊（窄長方形）、賽の目（立方形）、笹搔き（薄片形）和花切り（花瓣形）。拍子木（鈴舌形）是切成厚長方形，適用於相當緊實的蔬菜。

日本刀具，從前到後分別是：切菜刀、生魚片刀、切肉刀和萬用刀。這些刀都是用一片碳化鋼製成的，且刀面上刻有刀匠的名字。

手工刻花

練習花樣切法時一般用日常配料，如胡蘿蔔，這樣即使你做得不好要重新開始也沒多大關係。

將一個中等大小的胡蘿蔔切成厚塊後，用利刀將每一塊削成簡單的形狀，如花瓣狀。

各種尺寸的造型切割器，既簡單又快捷。

日本的磨刀石

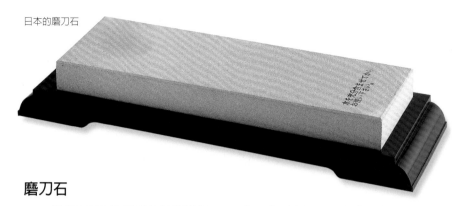

磨刀石

保持刀具的鋒利是廚師的重要職責之一，日本大廚們對於磨刀石的選擇就像選刀具般慎重。天然的石頭質量最佳，專業的磨刀石需有三種不同密度的石頭：粗砂的、中等密度和密度大的。但若磨刀過程不正確，就很可能會磨壞刀具，故大部分日本人都用專業的磨刀石來磨刀。

砧板

切菜方式正確，就能做好日本料理，此時砧板便成為展示的舞臺。日文中廚師叫做板前，意為「在砧板前」，沒有砧板，廚師就無法工作。因衛生考量，主婦較偏好塑膠砧板，但專業廚師仍愛用木砧板，因其較不傷害刀具和食材。

砧板在使用後需徹底洗淨，不同的材料不能同時放在砧板上，尤其是生魚和肉類。

造型切割器

西方人總是對日本餐館如何讓蔬菜變成美麗而精緻的花瓣、草葉或小鳥感到驚奇。若用造型切割器就很容易做到，但更多廚師偏愛親手切出造型，這也是廚師訓練的重要部分。又硬又長的蔬菜，如胡蘿蔔和白蘿蔔，都是先快刀切成幾個厚塊後再切片。要練好刀功需要長期練習，因此利用造型切割器能簡化為烹飪和飲食增色這件事。只需將蔬菜切片後，以切割器壓出形狀即可。

被製作為家庭使用的塑膠砧板比起木質砧板更加衛生。

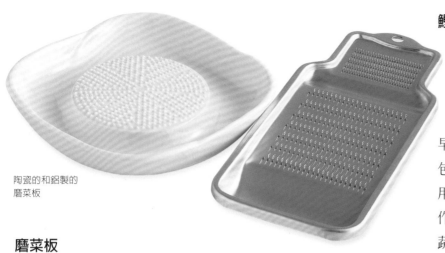

陶瓷的和鋁製的
磨菜板

鰹節刨刀

　　柴魚是日本料理中非常
基本的一部分，因柴魚片是
魚肉高湯的主要食材，刨鰹
節的聲音便成為家家戶戶的
早晨問候。雖然今日較盛行小
包裝柴魚片，但老一輩仍然食
用剛刨出來的柴魚片，不論是
作為魚肉高湯原料或僅是撒在
蔬菜上作裝飾，它都比包裝產
品好。

　　刨刀的構造是一個盒子上
方有一個刨子，而刨出來的薄
片則會掉到下面的小抽屜裡。

磨菜板

　　如果你只想選用一種日本
器具的話，山藥泥研磨器或白
蘿蔔磨泥器（帶細鋸齒的磨菜
板）會是不二之選。磨菜板有
很多種類和材質，包括鋁製和
瓷製，但其基本構造是一個有
很多小凸起的平面。

　　鋁製的磨菜板最便利且便
宜，板子底端有彎曲的凹槽用
來承接磨菜時流出的汁液。日
本料理常用蘿蔔絲、新鮮薑
絲、肉絲和果汁，有時亦只用
薑汁，故此設計非常實用。

　　大部分磨菜板的孔洞較細
小，主要是為了研磨密度較大
的配料，如大蒜和新鮮的芥
末，不過在專業廚房中是不能
使用這種工具的。

↑ 傳統茶會時用來備茶的茶筅

茶筅

　　舉行茶會時，亮淡綠色的
高級抹茶會以這種特殊的竹製
工具調製而不是以茶壺沖泡。

　　傳統儀式中，是在每位客
人面前暖過的杯子裡備茶。有
個小技巧是將茶筅在熱水裡泡
一泡，這樣它就不會沾上抹
茶。往碗中的少量茶葉中加一
些水後，用茶筅猛烈地攪拌，
直到起泡為止。不要讓茶靜
止，最好立即供茶，並在喝茶
前食用和菓子。

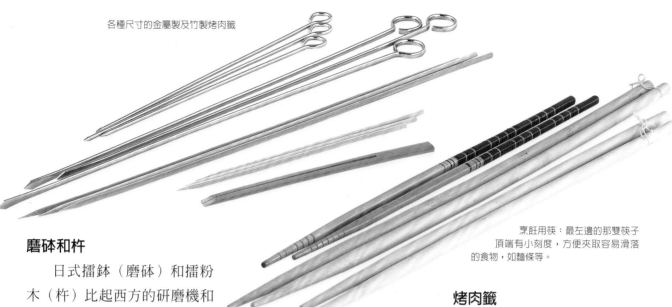

各種尺寸的金屬製及竹製烤肉籤

烹飪用筷：最左邊的那雙筷子頂端有小刻度，方便夾取容易滑落的食物，如麵條等。

磨砵和杵

　　日式擂鉢（磨砵）和擂粉木（杵）比起西方的研磨機和研棒更能將小顆粒和醬料研磨得更為細緻。擂鉢以黏土製成，形狀就像大布丁碗，砵裡有數不清的小刻度，可以將各種的香料如芝麻籽、碎肉和大蝦研磨成糊狀，又可作為攪拌用碗使用。以食物處理器研磨較大的配料較為方便，但是小的材料如芝麻籽之類的，較適合使用擂鉢和杵以手工研磨。

烹飪用筷

　　只要掌握了筷子的用法，它將和桌上的其他器具一樣成為廚房的必備工具。無論是攪拌雞蛋還是炒菜時在鍋裡翻動食物，一雙筷子遠比叉子方便。烹飪用筷有各種長度，通常從25-35公分不等，每一對都栓以細繩以防弄錯或移失。最長的筷子用於油炸食物，如此手就不會離鍋太近而被飛濺的熱油燙到。此外筷子還是種優雅的用膳工具，它有很多種類，包括夫妻筷、兒童筷甚至便當專用筷，其外觀設計通常也十分吸引人。

鐵絲燒烤架

　　烹調日本料理使用的燃料是木柴或木炭，因此火上——木柴火、木炭火或現在常用的瓦斯火——燒烤架是常用的烹飪工具。這種簡單的圓形鐵絲架叫做燒き網，用來烤魚、肉或蔬菜甚至豆腐都非常實用，不過有時也會使用金屬火爐。

擂鉢（磨砵）和擂粉木（杵）

烤肉籤

　　金屬製和竹製烤肉籤使烤肉更加便利，還能防止食物在烘烤時碎裂，同時還便於翻看烘烤的程度。烤肉籤有許多尺寸，最大的能穿過整條魚並且弄成波浪狀，於是烤熟後裝盤看來就像活的。

　　拿著烤肉籤食用的食物得採用竹籤，如烤雞肉串或烤豆腐，因其不僅好看且比金屬籤更適合手拿。小而平的竹籤適用於柔軟的食物如豆腐，可防止食材在烘烤時滑落。

用竹籤烤肉

　　使用前將竹籤浸在水中至少30分鐘，以防烤肉時被火點燃。

蒸鍋

日本人用蒸鍋的機率就和西方人用烤箱的機率一樣大，它是烹飪新鮮食物最溫和、最理想的器具，因為用這種方式不會減少它們的自然風味或破壞它們的外形，因此蒸鍋是製作日本料理最完美的工具。

傳統的日式蒸鍋看起來和在西方能買到的沒什麼不同，只是日式蒸鍋的底部有小孔而且可以移動；選蒸鍋時要挑面積最大的那種。微波爐最便於加熱熟食，尤其是剩飯。雖然微波爐已代替了大部分的器具，但蒸鍋在日本料理中仍佔著統治地位。

如果你沒有蒸鍋，也可以暫時用炒菜鍋和三腳鐵架來代替。將三腳鐵架放在炒菜鍋裡，然後往鍋中加三分之一的水並燒開，將食物放在三腳鐵架上的隔熱碗裡，蓋上圓頂鍋蓋便可以蒸熟食物。

底部有孔的蒸鍋，日式蒸鍋底部通常可以移動。

濾網

日本用竹子或不銹鋼製成的濾網又稱笊，是另一種在西式廚房裡越來越常見的工具；它非常實用，可用來過濾稻米中很小的穀子或很細的麵條。日本笊依不同的用途分為好幾種尺寸和形狀，如平底笊是用來冷卻或風乾食物，尤其是蔬菜，炒過後就擱在上面。所有的笊在用過後都要仔細清洗乾淨，在收起來前要等它乾透，這些就不必多說。

竹濾網或稱笊，可以用來過濾各式各樣的食物，如麵條和蔬菜，不過大型的竹濾網不適合篩稻米，因為穀子可能會卡在網眼裡。

有獨特網眼的日式傳統木篩，可使食材質地比食物調理器攪的更加細緻。

帶有置入式鍋蓋的傳統日式平底鍋，可用來烹製柔嫩的食物，如豆腐。

篩子

日式篩子叫做裏ごし，有個直徑20公分，深7.5公分的圓形木製框，由非常細的馬鬃、不銹鋼或尼龍製成。它是篩麵粉和過濾液體食物時用的——將它倒扣在碟子上，然後用木鏟把食物從網眼中塞過去。馬鬃如果太乾的話很容易斷裂，因此在使用篩子前要把它放在水裡泡上一段時間，若用來過濾則不用泡水。用過後要仔細的清洗，清除塞在網眼裡的東西，然後將網子從框架裡取出分開存放，不銹鋼和尼龍的網子則要等它們乾透再收好。

行平鍋與蓋

傳統的日本鍋是用鋁或銅製成，通常有個細鋸齒狀的表面，因此不會太快變得很燙，熱氣也能更均勻地從鍋中散出。單柄平底鍋在日語裡叫做行平鍋，很合適用來做日本料理和其他料理。內蓋在烹煮需保持穩定且比較柔嫩的材料，如蔬菜和豆腐時會十分方便。木製的鍋蓋輕輕地蓋在鍋中的食物上，能使它們穩穩地貼在鍋底。

玉子燒鍋

玉子燒鍋（日式煎蛋捲鍋）只會用來做玉子燒（煎蛋捲），它有很多種尺寸和形狀（長方形或方形的）以及質地，不過最好的玉子燒鍋是用銅做的，裡層鍍的是錫。雖然直邊的平底鍋很方便，但它也可以用普通的煎鍋或小型的平底鍋代替，只要將煎熟的蛋捲邊緣修成長方形就可以。

日本煎蛋捲用的平底鍋，可以用來做煎蛋捲。

米飯炊具

稻米是占世界一半人口的亞洲人的主食，在日本能明確考證出稻米生產的最早期爲西元前二世紀。可以毫不誇張地說，稻米是所有日本料理的核心，因此日本有那麼多種專門爲烹煮和食用米飯而設計的炊具也就不足爲奇。

壽司桶

米飯炊具

日本傳統的炊飯方式是直接在火上煮，通常是木柴燒的火，稻米則放在釜——一種鐵鑄的鍋，圓形鍋底周圍有短裙狀的邊，用以讓熱量集中在鍋的下部。煮熟後，米飯就被裝到稱做御櫃的飯桶裡，這是一個有蓋且深的木製容器，大家就從容器裡盛飯。現在這個過程被電鍋省略，因電鍋可讓米飯保溫一整天；然而老一輩的人仍很懷

漆面與木製飯匙

念用柴火燒的飯，因此電鍋製造商的終極目標就是讓煮出來的米飯儘量再現柴火燒出的米飯味道。

米飯保溫器具

木製的壽司桶曾經是家家戶戶必備的器具，但自從可煮飯又能保溫的電鍋發明後，壽司桶便被視爲現代廚房或餐廳時髦的附屬品。人們用它盛裝熱米飯，吃完飯後剩飯就留在裡面；木製壽司桶可能不如電鍋能整天保溫米飯，但它吸收水分的功能很強，可以讓米飯保持適當的水分。

飯匙

飯匙或木匙可能是日本家庭最不可缺少的工具，它通常被用來作爲家庭的象徵（如家庭主婦抗議增加家庭開支這類場合）。飯匙已發展出許多種類，如木製和漆面；飯匙用來保持米飯通風，也可用於將濕潤的食物從篩子壓入碟中。

電鍋

用扁平和圓形的竹片製成的壽司竹簾。

途，如擠出水煮蔬菜的水分。壽司竹簾有兩個基本款：第一種大小約是22×20cm，用竹條製成，有淺綠色光澤的扁平底部，是用來捲壽司的。另一種稍大一點，將圓形或三角形的竹片綁在一起，如此一來捲出的壽司上會壓出線條圖案，如厚煎蛋。用過後要將竹片中卡住的所有東西都清洗乾淨，擦去水分後等它乾透再收好。

壽司桶

飯台、飯切（又名壽司桶）是用來攪拌壽司用米飯和醋的容器，它是用日本落羽松製成，因為這種木材孔隙適中，可以吸收多餘的水分。使用前要把木盆整個泡在冷水中，攪拌壽司飯前將壽司桶的水分瀝乾後，用浸了醋的軟布擦拭盆內以防米飯太潮濕，使用過後要用水徹底洗淨晾乾後再收好。

如果你經常做壽司則木製壽司桶會非常的有用，不僅能用來攪拌米飯也可以用來盛裝。一個普通大的攪拌碗可能不如日本壽司桶那麼好吸收水分；但如果你只是偶爾做一次壽司的話，攪拌碗定會是個很好的替代品。

有很多尺寸的金屬模型。

壽司竹簾

由於壽司捲的流行，壽司竹簾在很多西方家庭也越來越常見；它是做海苔捲壽司的必備工具，也可以用作其他用

木製模型

長方形木製模型是用來作押壽司的，和壽司桶一樣在使用前也要在水裡泡一段時間。裝魚和醋飯前把模型抹濕，加蓋後壓緊或以重物如書壓在上面。其他的模型也可用來壓製宴會或孩子們的午餐便當用的米飯。

金屬模型

雙層的金屬模型非常適用於固定鮮奶油慕斯或豆腐，也可以用於液體如寒天（洋菜）。

左邊的是用來將米飯做成特殊形狀的木製壽司模型，右邊的是用來做押壽司的木製壽司模型。

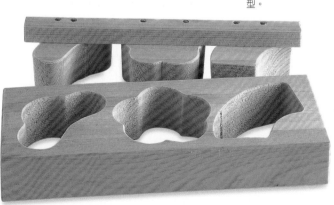

餐桌烹飪

在桌上做料理非常有趣，做法簡單又能在做好後第一時間品嚐食物的新鮮美味。日本人為眾多的餐桌烹飪各設計了一樣器具，不過卡式爐和砂鍋適用於大部分菜色，以下介紹幾種專用的日式容器和鍋具。

砂鍋

火鍋是日本冬季最受歡迎的食物，人們常在桌上製作壽喜燒、涮涮鍋、關東煮、湯豆腐和鐵板燒。日本家庭中常有一張中間有瓦斯或電磁爐的桌子，做菜時就把上面的蓋子打開。砂鍋最適合用來熬湯，如涮涮鍋、關東煮和湯豆腐，因為它加熱慢且可保溫一段時間。它還可以用來做烏龍麵，此外這種鍋子在桌上放著也很好看。使用後要讓它冷卻後再以海綿仔細清洗並晾乾，千萬不可沒放水就乾燒砂鍋。

砂鍋

鐵鑄炊具

傳統的日式房屋中唯一的取暖工具只有位於客廳中央的火盆或地爐，通常有個從屋頂上吊下來懸在上面的鐵鍋，如此全天都有開水能用來沏茶或有火可加熱需燉煮的食物。現在，火盆和地爐都退出了歷史舞臺，但是鐵鍋卻不僅以其美觀的外表，同時也以其炒菜和烹調火鍋的實用性，而受到餐館和一般家庭的青睞。鐵鍋多為黑色，有木製鍋蓋和一個抽取式的鍋柄，不使用時可以擱在鍋子邊緣。

壽喜燒鍋

如同其字面意義般，這種鍋只用來在桌上烹煮壽喜燒，但也可以普通煎鍋代替。這種鍋是用很厚重的鐵鑄成，有很深的邊，因為壽喜燒牛肉是要先煎過再加醬油和其他調味品。用餐時就直接從鍋裡夾取，並依個人口味另加調味品。

湯豆腐鍋

湯豆腐即砂鍋豆腐，是日本人最愛的冬季菜色，通常以湯豆腐鍋烹煮，但普通大鍋或砂鍋亦可。湯豆腐的整套器具通常包括一組鍋架、鍋、醬油壺、豆腐撈杓和個別的碗。將醬油倒入醬油壺中置於鍋架上，就可順道加熱醬油。鍋中放入一片昆布與切成一口大小的豆腐，用醬油調和一些醬料，加上新鮮薑末和香料作為調味品後食用。

涮涮鍋

這種蒙古風格的鍋具多用於涮涮鍋，但也可以砂鍋代替。其中心有煙囪狀的隆起，周圍是用來倒入滾燙高湯的凹槽。這種鍋一般放在桌上的卡式爐或電磁爐上，用餐時就將切塊的肉或蔬菜放在燒開的高

壽喜燒鍋

盛放天婦羅的碟子

天婦羅炸鍋

湯烹煮。涮涮是擬聲詞，就像手洗衣服時水花飛濺的聲音。用餐者要不時地用筷子輕輕撥動高湯中的牛肉以防煮過頭。當所有的肉和蔬菜都吃完後，就往湯底裡加入米飯或麵條結束這一餐。市面上可以買到的只有幾種，而最好也最貴的是由黃銅製成。

天婦羅炸鍋

　　天婦羅炸鍋一般用很重的鐵製成，有兩個把手

和一個置於鍋緣用來瀝油的半圓形金屬架。炸鍋有好幾個尺寸，有兩人份的大小，也有可讓全家人一起吃的大小，大鍋或其他任何平底煎鍋都同樣適用。

　　天婦羅常以竹盤盛裝，而不用同形狀的金屬盤，雖然不是很必要，但這些碟子的確很可愛，天婦羅裝盤前要先在碟子上鋪上一張和紙。

電烤盤

　　有一種日本家庭的必備用具也開始出現在西式廚房中，它是圓形或方形的金屬不沾烤盤，有一深約5公分的邊緣，底部是一電熱板。它有

很多種類和材質，但最受歡迎的是圓形烤盤，直徑約40公分附一透明玻璃蓋。一般烤盤放在桌子中央，周圍是準備好的新鮮蔬菜、肉或魚貝，並由用餐者自行調理。對於忙碌的人們來說這是再適合不過的家庭簡餐，有些較深的烤盤可用來烤一整隻雞或其他肉類。

　　在所有的配料都調理完畢後，趁烤盤還熱時加一點熱水，再以廚房紙巾擦拭乾淨，等徹底乾透後再收入櫥櫃。

卡式爐

　　卡式爐是一種非常實用的設備，它不僅可放在桌上烹製各種火鍋料理，還可以帶到室外烤肉使用。它有一個瓦斯爐架，旁邊還有一個用來放瓦斯罐的空間，一罐瓦斯可用2小時左右。這些組合可分開買，也可以整套一起購買，使用完畢後將瓦斯罐取出分開存放。

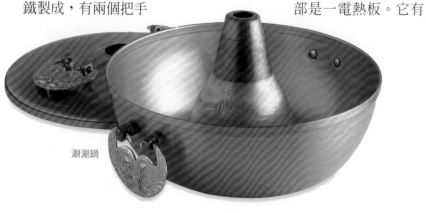

涮涮鍋

陶器與食器

對日本人來說，食物的外觀和裝盤是非常重要的事情，因此在日本料理中，上菜方式扮演了一個很重要的角色。許多世紀以來，日本素以生產精細瓷器而聞名於世，而偉大的藝術作品也在茶懷石料理和正式宴會中逐漸發展起來。

日本的食器也許可稱得上是全世界最多樣的，即使只是一個簡單的家庭晚餐也備有單獨的飯碗、湯碗、盤子和醬料碟，再加上盛菜的盤子和碗，還少不了清酒杯。不僅盤子使用大量的漆料，用來盛湯的碗或蔬菜的碟子以及清酒容器都會上漆。木盤和其他木製器皿廣受歡迎，不僅因為它們好看，還因為它們的天然材質迎合了這個國家的飲食哲學。

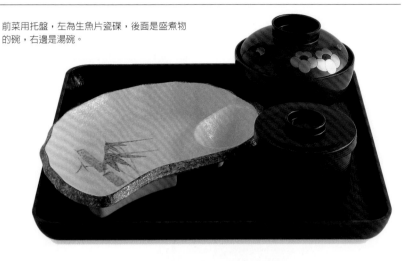

前菜用托盤，左為生魚片瓷碟，後面是盛煮物的碗，右邊是湯碗。

碗、各種大小的盤子、吃麵條的碗、盛菜的碗盤和沾取醬料的小碟子，可能還有一套上漆的盤子。不過除了飯碗和湯碗，普通的西式盤子也很便於盛裝其他菜餚。

瓷器碟子

日本出產世界上最精緻的一些瓷器，如有田燒、備前燒、萩燒、伊萬里燒、唐津燒、九谷燒、益子燒、美濃燒和瀨戶燒。

每個家庭通常都備有一套飯碗和湯

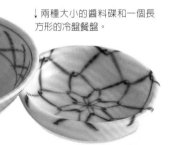

↑ 從左邊起依順時針方向分別是煮物碗、麵碗和飯碗。

↓ 兩種大小的醬料碟和一個長方形的冷盤餐盤。

宴會用瓷器

懷石料理（日本正式宴會）由超過十幾道菜組成，每一道菜都用形狀、大小、圖案各不相同的盤子、碗或杯子分別盛放，所用的材料也很講究藝術效果，要與當時的季節、食物相匹配。

為方便上菜，盤、碗和托盤可能包括冷盤、生魚片、清湯和煮物。揚物（油炸物）會放在竹籃或另一個盤子裡，另一個盤子裝蒸煮的食物。最後米飯、湯和麵條會裝在它們各自的碗中，並伴有一碟醬料。

↑ 瓷器蕎麥麵組合：醬料罐、調味盤和醬料杯。

便當盒

在西方，便當被當作一道菜，如幕之內弁當，但事實上它多作為午餐或野餐的便餐或速食。便當盒種類很多，漆器的、塑膠的，尺寸也很多樣，如從筆記型電腦大的幕之內弁當、給小孩用的午餐盒。精心製作的餐盒如幕之內弁當並不是為「便餐」而設計，它們通常上了漆，且有五、六個間隔，邊緣有一醬料區。某些普通的午餐盒由兩個盒子組成，上層的裝魚、肉和蔬菜，下層則盛裝米飯。

↑ 正方形的漆器飯盒，配有一雙筷子和一套便當盒。

上菜托盤

在日式宴會上，通常以托盤代替桌墊，因為茶會的食物多以帶腳漆盤盛裝，就像單獨的桌子般。不管是漆器、木製或竹製的小盤子，常作為托盤，直接擺放食物或置於食物與盤間具裝飾性的折疊和紙。

蕎麥麵餐盤

蕎麥麵需沾醬食用，多以麵盤盛裝，這種餐盤是張擱在竹製或木製框架上的竹簾，有許多形狀（正方形、長方形或圓形），大小也相差很大。一套蕎麥麵瓷器包括醬料罐、調味品碟各一和五個醬料杯。

盛蕎麥麵的餐盤，有帶蓋子的圓盤，也有方盤。

上菜用的平板竹製托盤。

筷子

和種類多不勝數的陶器相反，日本只有一種用餐工具——筷子，又稱箸或更文雅的御箸；比中國式筷子更短、更優雅，底端比上端尖。傳統的日本筷子以象牙製成，但現在各種木筷、漆筷或塑膠筷更受歡迎。筷子有許多種尺寸與顏色端視使用者而定。男用筷子相對較厚，且比女用的長2.5-4公分，此外還有各種兒童用筷。在日本家庭中，每個成員都有專屬的筷子，還有一雙放在筷盒裡與便當盒一起攜帶。

筷子正逐漸風靡全球，許多現代的西方設計品牌已向市場推介或推出銀筷。但日本人從來不用金屬筷進食，因金屬筷是用於在葬禮上夾取逝者的骨灰的，而被視為壞兆頭。日本人還有個傳統是每天早晨為家中的神龕供上一碗米飯並配上一雙很細的金屬筷，用來供奉逝去的親人和先祖的靈魂，甚至有一說法是金屬筷是佛祖使用的。

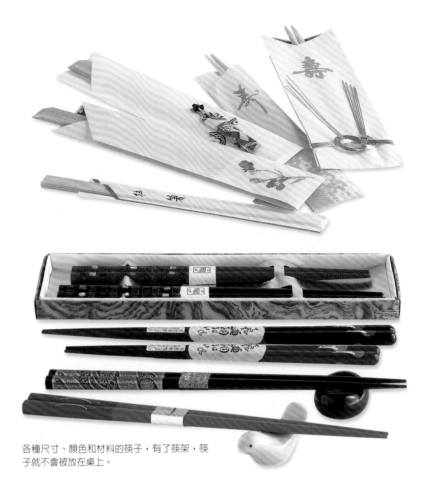

各種尺寸、顏色和材料的筷子，有了筷架，筷子就不會被放在桌上。

醬油瓶和成套的小托盤。

免洗筷

客人用的筷子是簡單的木筷，稱做割り箸，是以兩片長而相連的木條製成，使用時需從中掰開。免洗筷也有很多種類和形狀，且以繪有各種色彩、圖案和文字的獨立紙袋包裝。有些筷袋的設計只能用於慶祝餐會，因此需小心別在葬禮使用。從袋子的顏色可判斷使用場合，若是紅色或類似的亮色，就可用於慶祝或特殊場合；若附有未拉緊的細繩結或袋上有圖案則是婚禮專用筷。

筷架

用餐時，日本人會將筷子放在筷架或碟子上，不會直接放在桌上。筷架是片陶瓷、金屬或木製的（可能是漆器）船形物，大概5公分長。

醬油碟

在日本餐桌上，醬油瓶代替了西方餐桌上的鹽罐和胡椒瓶。大小和短而窄的平底杯差不多，有個壺嘴、蓋子以及一個成套的托盤。

七味粉和山椒也會放在桌上，裝在製造商製的罐子或有蓋的小碟子裡，各配有一把小杓子。

酒器與茶器

就像食物裝盤的重要性般，日本料理上飲品的飲用方式也十分考究。

清酒壺

千萬不要從瓶中倒清酒，而是使用とっくリ（清酒壺）。清酒壺常以瓷器製成且能保溫，如此一來清酒在倒出前都是溫的。一般的清酒壺約可以裝180ml，也就是日本古時度量衡的一合。

清酒杯

清酒杯的種類和材質很多種，但是最基本的只有兩類：豬口或文雅些的說法——御豬口，與ぐい飲み。豬口是較小的杯子，大小約與半顆高爾夫球大小差不多，其邊緣像盛開的花瓣般；有些杯口開得過大使得杯子看來就像平的一樣。ぐい飲み則是

稍大點的直邊杯，常在較休閒的場合使用。還有些和小茶托差不多大的扁平杯，其正式名稱是盞，常用在向某人乾杯或為其未來祝酒等場合。傳統的神道教婚禮上，新婚夫婦也要從對方的杯中品嘗清酒以起誓，而婚禮上用的盞則會塗上喜慶的紅漆。

從穀物或甘薯萃取而來的燒酎是以玻璃杯飲用，直接飲用或稀釋後飲用均可。

茶壺

日式茶壺看來和西方的差不多，但壺柄不同。日本茶壺都沒有西方茶壺那種固定在壺側的空心把手，它們的壺柄若不是像平底鍋柄，就是像連著壺身如籃子把手般的環狀把手。小點的茶壺叫做「急須」，有個直的平底鍋狀把手，常用來沏比較高級的茶，但這種茶壺只有兩三杯茶的容量。陶製茶壺有著天然的質感，因此被人們視作特別適合沏頂級茶的茶壺。而在休閒場合使用的茶壺叫「土瓶」，體積較大且帶有環狀提把。所有日式茶壺的壺嘴底部都有個茶葉濾網，但在倒茶葉時就不需要這個濾網。

清酒壺與清酒杯

種類、大小各異的日式茶杯，從迷你的到比蛋杯稍大點的，再到附蓋的大杯都有，還有男用和女用套杯。

茶杯

日式茶杯和水杯的大小差很多，從蛋杯到壽司店的巨型杯都有，它們都沒有把手，因為茶水總是溫熱的。還有附蓋的高茶杯和夫妻套杯，通常由一對杯子組成，其中一個比另一個稍大點，都有杯蓋和杯托。杯托是木製的，有裸木和漆器兩種。

茶道和日常的飲茶完全不同，在這個場合不用茶杯而用茶碗喝茶，且沏茶者還會在客人面前用竹筅攪拌研磨成粉狀的抹茶。

日式茶壺

日式廚房

日本料理中
主要的食材是蔬菜和魚類
而最重要的，首推食材的新鮮度
日本人以其獨到且精確、細緻的特性
發展出眾多料理
接下來我們將介紹新鮮的食材和料理
探討其香氣、滋味、質地與外觀
還有事前準備工作和烹調技巧

米及米製品

在久遠的古代，日本人就已種植和食用稻米，由於富含植物性蛋白質、碳水化合物、維生素和礦物質，使其迅速地普及於日本全國。七世紀時它已奠定其作爲主食的地位，並且一直保持到現在。

實際上日本料理都是以米飯爲核心而發展，米飯這種普通、精緻而微妙的風味使日本人能夠細細地品味其他天然食材的美味和質感。

米飯本身就有許多種類和外形，此外它還有很多副產品，如清酒、味醂、醋和味噌都是以米爲原料。

粳米

與東南亞國家如印度、爪哇生產的長米外形相反，日本全國種植的都是圓米，它更迎合日本的氣候和日本人的口味。這種米煮熟後會變得非常的柔軟和濕潤，但又能保持一種有嚼勁的韌性。和長米不一樣，它會有一點點黏性，因此用筷子就可以夾起一口量的飯。而且它營養豐富，還稍帶些甜味。

在全日本的稻田裡種植的圓米品種超過300種，越光米和ササニシキ等品牌是最受歡迎的幾種。不過，在西方國家出售的大部分日本稻米多是種植在加州的旱地，有的來自西班牙。它們的硬度會有些微不同，但是加寶米（硬度最高）、錦米、マル優米和國寶米（皆產自加州）以及みのり（產自西班牙，是最軟的米）都是最受歡迎的幾種品牌。

日本圓米的幾個最受歡迎的牌子，從左依順時針方向分別是：加寶米、マル優米、みのり、國寶米和錦米。

烹煮日本米

1. 用冷水將米徹底清洗幾次，直到水清澈爲止，將米倒入細眼濾網中瀝乾水分後放置1小時。

2. 把米倒入一深平底鍋，加入比稻米多出15%的冷水（一杯200公克的米約需250ml的水），水的高度不能超過鍋高度的1/3。

3. 加蓋並以大火將鍋裡的水煮開，此過程約需5分鐘。轉小火再慢煮10-13分鐘或煮到水完全收乾爲止。

4. 將鍋拿開置於一邊，但不要掀開鍋蓋，等候10-15分鐘才可食用。

烹調小技巧

煮糙米時，將米洗淨瀝乾，鍋中倒入比米多一倍的水，水沸後加蓋煮40分鐘。

糙米

米的光澤度各不相同，糙米是光澤度最低的一種；它只去掉稻殼，而糠和胚芽都還保留著。糙米是最營養的稻米，富含纖維，但比起白米要煮得更久也更耐嚼，在健康食品和亞洲式商店都能買得到。

糯米

這種短小而無光澤的穀物也被稱爲黏米，煮熟後的米飯非常稠厚有黏性；它含很多糖分，通常是被蒸熟而非煮熟。糯米蒸熟後搗碎用來做麻糬和仙貝，也是製作味醂的重要原料之一。

米類烹調

作爲日本人的主食，每一餐都能見到米飯，不管是以何種形式出現，甚至早餐也有米飯。米飯煮熟後就盛在碗裡，通常會伴有一碗味噌湯，而其

糙米

他的食物就僅是米飯的附屬品。一般的米飯也可和配菜一起食用，這通常作爲午餐，如把日式炸豬排和天婦羅放在米飯上當作單一料理的一餐。有時在煮飯時會把一些當季蔬菜如春天的竹筍、夏天的四季豆、秋天的栗子和松茸放在飯上一起煮，如此一來吃飯時就會品嘗到這些時蔬帶來的特別風味。用醋、糖和鹽混合的米飯是所有壽司的基底，而頂級的壽司師傅會至少花費三年的時間專門訓練如何完美地煮飯的技巧。

かゆ（粥）或更文雅的說法是おかゆ，需要煮3-4次，每次都要加和平時煮飯時一樣多的水，它通常是給嬰兒、老人和病人吃的。不管是冷飯或熱飯都可倒在湯裡煮成雜炊（粥），但不適合用來煎。糯米通常用於慶祝用菜餚，如過生日和其他家庭慶典時食用的赤飯（和紅豆一起煮的米飯）和春分或秋分時吃的御萩（以紅豆泥包裹的蒸糯米團）。

糯米

壽司飯烹煮法

醋飯是做各種壽司的基礎，煮飯時一定要注意正確的方法。做細海苔捲的參考用量：350公克圓米可以做6條壽司捲（約36塊），足夠六個人食用。

1.依前一頁的方法煮飯，需要添加其他風味時，在倒入米和水的鍋中加入一張邊長5公分的正方形昆布，並在水沸騰前取出。

2.在量杯中混合3大匙的日本米醋（或白酒醋）、37.5ml的糖和2小匙的海鹽，攪拌均勻備用。

3.把米飯倒在濕潤的木製壽司桶或大攪拌碗中，將醋均勻地撒在米飯上。用飯匙將其混入米飯中，切勿攪拌，放涼後再用來製作壽司。

事前準備和烹煮技巧

煮飯時須先將米用冷水徹底洗淨再瀝乾，最好放1小時，至少也要30分鐘，如此能確保米吸收適量水分而又不會讓米飯濕透。如果時間很緊急的話，將米在足量的水中泡10-15分鐘後瀝乾。當米飯濕度正好時，水是柔和的不透明色。通常兩個人需要200公克／1杯米，建議不要少於這個量，因

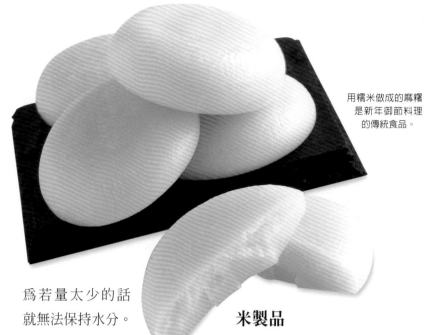

用糯米做成的麻糬是新年御節料理的傳統食品。

為若量太少的話就無法保持水分。

平底鍋的寬度、深度和材質都會影響結果，若想煮得好則最好使用電鍋。煮飯時並不使用微波爐，但若只準備一人份時，微波爐的效果會比普通爐子好。

糯米需要浸泡一晚後，用可鋪成薄薄一層的大竹蒸籠蒸35-40分鐘，而不是煮。如果用煮的，就要在普通米飯裡加入至少20%的糯米。

糙米需要浸泡幾小時，最好泡一整晚後加入兩倍水煮，時間需比煮普通米飯長3倍。

存放

剛收割的米味道最好，之後就每況愈下。雖然米可以長時間保存，但最好還是盡快食用。將米置於有蓋的陶製、瓷製或塑膠容器中，放在通風、陰涼的地方，避免日照，保持米乾燥，若有濕氣侵入則會很快發黴；西方的米一般會撒上防腐劑以長期保存。

米製品

日本很多食品以米飯製成這件事一點也不讓人吃驚，而這些食品在日本料理的地位都相當穩固。

麻糬

麻糬是最主要的糯米食品，它的名字也是由此而來。

麻糬的傳統做法是手工製作，這是項艱辛的勞動，要將蒸熟的糯米打到非常平滑、柔韌的稠度，將其塑形後晾乾製成麻糬塊。它們通常被做成小圓團或切成矩形小片，和其他佐料一起炸、烤或稍微烹煮。麻糬硬得很快且易於保存，它是新年時煮成湯吃的御節料理，因為人們相信麻糬能帶來長壽和財富；它也能沾著醬油或山葵吃。

麻糬可以在家裡用日本新發明的麻糬機做，不過日式超市裡販售很多種現成、包裝好的麻糬，包裝拆開前可以保存幾個月。

米糠最有價值的是它濃烈的香味，它還是醃漬醬菜的主要材料。

麻糬起司海苔捲

　　這種快捷而簡單的點心是麻糬中很好吃的一種。

1.將切達乳酪切成比麻糬小些的薄片，厚度約5公釐。

2.將麻糬各邊以中火烤2-3分鐘，經常翻轉以免燒焦。趁還熱時將側面切開一道小口後塞入乳酪。

3.可依個人喜好，將18×20公分的海苔切成4-8片，把塞了乳酪的麻糬包在裡面後沾醬油食用。

白玉粉（糯米粉）

　　這種粉末大多是由糯米中的澱粉組成，先將它泡在水裡，過濾後放乾，它口感細膩，常用來做和菓子和甜糕。

道明寺粉

　　這種粉末是將糯米碾碎後製成，一般用來製作和菓子，有時也用於炒菜，但通常用於蒸的料理。

米糠

　　米糠通常用來醃漬醬菜，先將米糠稍微烤出其香味，再與鹽水混合，發酵後便成為獨特的醬菜醃料。它濃烈的香味會滲入新鮮蔬菜中，使其不僅口感柔爽，而且有種特別的味道。米糠的氣味非常濃烈，也許不是每個人都喜歡這種味道，但一旦習慣後就會發現它原來是如此的美味。現在日式超市裡很容易就能買到米糠。

麥

　　麥曾是稻米收成不好時的替代品，現在則僅被日本人視為一種健康食品，它含有更多的蛋白質且纖維比稻米多出10倍。不過它很難炒熟且殼非常緊很難剝除。日本人的解決辦法是把它搗碎或切開。押し麥和切斷麥是和米飯一起煮的，或單獨作為一樣叫做麥とろ的料理。麥通常可在健康食品店裡買到。

前面的是白玉粉，後面的是道明寺粉。

麵條

在日本最受歡迎的食品中，麵條自然是資格最老的之一，雖然沒有風靡全球，但整個東南亞都有吃麵條的習慣。日本的每條大街上都有麵鋪，同時日式麵條如蕎麥麵、烏龍麵和拉麵都廣受西方人的喜愛，在大超市裡都能買到。

素麵（麵線）

這是種用小麥製成、非常細的麵條，但拉生麵團時要加入蔬菜油才能拉成很細的麵條，並將其晾乾。有兩個地區以其格外鮮美的素麵聞名——奈良的三輪與姬路的揖保——這種素麵只需煮1分鐘即可。

蕎麥麵

日本特有的麵條——蕎麥麵是將蕎麥粉混合一般麵粉製成。製作蕎麥粉時，要先將蕎麥粗碾以去殼。因單用蕎麥粉製成的蕎麥麵缺少彈性和黏性，所以要加入麵粉使其更滑嫩有黏性。視蕎麥碾碎的程度，其顏色從深灰褐色到淺褐色不等。

素麵與濃味沾醬

這是輕爽且令人耳目一新的素麵料理，是炎熱夏天最好的午餐。

2人份
材料：
素麵200公克
冰塊
豆瓣菜、黃瓜片、番茄和冰塊（裝飾用）
青蔥1根切碎、薑末（佐料用）

沾醬（200ml）：
魚肉高湯1/2小匙
醬油3大匙
味醂1大匙或糖2小匙
熱水或冷水120ml

1.依包裝說明以開水烹煮素麵約1-3分鐘，瀝乾水分後以流動冷水沖洗麵上的澱粉。

2.將煮熟的素麵盛在大碗裡，加入可蓋過麵條的冰水。

3.調製沾醬：在熱水或冷水中加入魚肉高湯、醬油和味醂或糖攪勻，將沾醬倒在每個人獨立的沾醬杯裡。

4.用些蔬菜點綴麵條，如加入豆瓣菜、黃瓜片和番茄，更可依個人喜好加些冰塊。

5.將素麵盛入碗中，每人佐以一碟蔥花、薑末和一杯沾醬。用餐時可將蔥花和薑末倒入醬料中，用筷子夾素麵沾醬吃，每次沾一點即可。

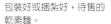

包裝好或捆紮好，待售的乾素麵。

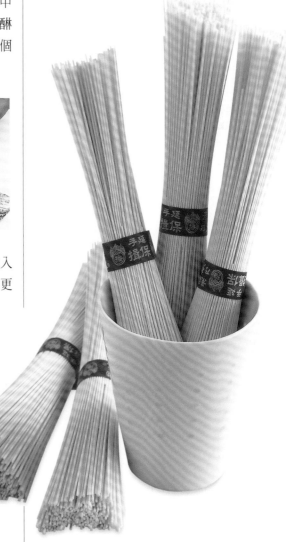

日本中部的信州所出產，公認是
最細的蕎麥麵。

還有一種加入綠茶粉叫做
茶そば的綠色蕎麥麵；最細的
蕎麥麵產自日本中部山區的信
州。在日本很容易買到新鮮的
蕎麥麵，許多好的蕎麥麵店每
天都會親手製作蕎麥麵。在日
本的路上，約每隔10公尺就能
看到一間販售新鮮蕎麥麵和其
他麵食的店鋪。蕎麥麵通常在
夏天食用，它盛在竹盤裡並佐
以沾醬。日本人很
喜歡這種麵
條的味道，
醬料更增添麵
條的香味。在
日本國外，一些
大型超市和亞洲式
商店都能買到以精緻
繩子紮成捆的包裝乾蕎
麥麵。

存放

若不拆封或避免日光照
射，乾蕎麥麵可以存放好幾個
月。蕎麥麵相對於日本其他麵
條來說更為健康，因此是櫥櫃
中理想的常備食品。

細蕎麥麵和綠色茶蕎麥麵，由於加入了茶葉粉
而帶有與眾不同的顏色。

煮麵的方法

1.鍋中倒入足量的水燒開後放
入麵條，每人份約用600ml水
煮115公克生麵條。

2.依包裝指示以中火烹煮，蕎
麥麵通常需煮5-6分鐘、烏龍
麵需10-13分鐘、素麵和涼麵
需1-3分鐘、拉麵需5-8分鐘；
水若溢出則將火轉小。

3.麵煮透時就將鍋從火上移
開，瀝乾水分並以流動的水
洗去澱粉，再次瀝乾後盛入
熱湯中或沾醬食用。

捆紮冷麵的繩子通常是白色,不過有時是棕色和淡粉色。

烏龍麵

這種風靡全球的厚小麥麵可能是歷史最久遠的麵,製作時需混合麵粉和鹽水揉成生麵團後捍開切條。在日本能買到新鮮生烏龍麵,但在西方通常只有生麵條或冷凍包裝的。

冷やし麵(冷麵)

這種薄的白色麵條做法與烏龍麵類似,但需切得更薄。煮熟約需5分鐘,可加熱湯或沾醬食用,在亞洲式超市售有捆紮並包裝好的生麵條。

生的新鮮烏龍麵

拉麵

其字意是拉長的麵,拉麵源自中國,是用麵粉加雞蛋及日本稱做爲かんすい的鹼水製成。成分間產生的化學作用使得麵團特別光滑,很容易拉出特別細的麵條。現在已經很難找到純天然的鹼水,通常會以蘇打代替。拉麵常和其他熟食

一起食用,有沒有湯皆可。它在日本分得特別細,幾乎每個縣都有其特色麵條、湯和調味品。在日本已造成一股拉麵風潮:東京南部的橫濱有座拉麵博物館、北方的北海道則有個拉麵村,此外到處都有拉麵社團。這股風潮也席捲西方,最近不少大城市裡也出現許多拉麵店,不僅是日本人自己開設,更有許多是中國人大量地使用日式烹煮技巧。

在大超市和亞洲式超市裡可以買到新鮮、乾燥或冷凍的拉麵,還有許多各種湯頭的速食拉麵。它是種非常流行的健康速食小吃,尤其是年輕人特別喜歡把它當作宵夜。

烹調法

所有日式麵條都能用已調味的魚肉高湯烹煮或直接沾醬

速食拉麵通常附有湯頭料理包。

食用，素麵是種常用食材，因其如髮絲般白細，故常加入清湯或作為裝飾。拉麵則常用已調味的肉類高湯（多為豬肉）烹煮，或沾新鮮調味品冷食。

事前準備與烹煮技巧

　　不論是新鮮麵條或乾麵條都需煮熟，烹煮時依包裝指示，需注意不要煮得太軟，將一根麵條從中切斷以檢驗是否煮熟。若麵條需與熱湯食用，則在煮到還有些硬時撈出。若是直接食用的涼麵則需徹底煮熟，並以流動冷水沖洗。

　　除拉麵外，所有日式麵條的吃法都很簡單，可單獨食用也可加入少許的調味品與肉，而拉麵則需和調味品烹煮。

存放

　　新鮮麵條只能在冰箱裡放幾天，乾燥麵條不拆封且放在陰涼地方則可保存幾個月。

製作手工烏龍麵
可製出675公克

1.將225公克中筋麵粉倒入攪拌碗中，並在中間挖出一個小洞，將1大匙鹽溶在150ml水中，倒入洞裡後輕輕將麵粉揉成結實的麵團。

2.把麵團放在揉麵板上，將麵團揉到光滑而結實為止，為不留下任何氣泡，則需摔打至少100次，用濕布包裹放置2小時。

3.在撒了少量麵粉的板上將麵團桿成一塊矩形，厚約3公釐，撒上麵粉後將長的一邊折到中間。

4.翻轉過來再撒一次麵粉，將剩下的1/3朝上翻折（若從兩端看，會發現它呈S形）後將它對折。

5.用一把鋒利的刀將它切成3公釐厚的小塊，用手將每一塊搓成條，這個階段的烏龍麵可以直接冷凍。

6.在一大深鍋中煮開足量的水，放入烏龍麵煮25-30分鐘，每當水快煮開時就加一次冷水，直到麵條完全煮熟且很結實的時候才停止。

7.瀝乾水分後以流動的水沖洗，食用前在湯裡再熱一次或快速地以開水燙過，水瀝乾後即可沾醬食用。

烹調小技巧

　　要確認麵條是否煮熟，只需將一條烏龍麵切斷，若切面中間從白色變成灰色就表示已經煮好。

蔬菜

最近越來越多的外國蔬菜和水果進入西方國家，很多日本品種也能買得到，這讓日本料理做來更加方便。我們還能看到一個有趣的現象，日本和西方很多常見蔬菜如黃瓜和辣椒在大小、形狀和味道上都有很大的差異。

由於日本受佛教傳統的影響，料理很偏重蔬菜，為保持天然風味和口感，日本人在歷盡艱辛後發展出洗菜、切菜和煮菜的最佳方式，以下介紹幾種典型的日本蔬菜。

很多西方人
熟悉的蔬菜在大小、形狀和味道都不太相同；如日本黃瓜比西方的更小更細。

大根（白蘿蔔）

這種又長又白、質地緊實的蔬菜，印度名字叫mooli，是蘿蔔的一種。它在日本使用很廣泛，算得上是最古老的蔬菜之一，最早的食用記錄可追溯到8世紀。它還是最多用途的蔬菜之一：可以煮成湯、切碎作沙拉、切絲作為生魚片的裝飾或磨碎作為調味品。它還可以做成醃蘿蔔，是常見做海苔捲壽司的黃色醬菜。

由於白蘿蔔在日本各地都有生長，因此有很多種形狀、大小和色澤。一般生長在西方（在日本也很常見）的是細長型蘿蔔，在蘿蔔頂部有逐漸淡去的淡綠色。冬天市場上的白蘿蔔是最美味的，蘿蔔葉通常用來做醬菜或放在味噌湯裡煮。

香味與滋味

白蘿蔔與紅皮白蘿蔔的氣味差不多，味道有一點辛辣，但沒有紅皮白蘿蔔那麼澀。它可以煮熟吃也可以生吃，還能作為很好的調味品或沾取的醬料。生蘿蔔咬起來很脆，熟蘿蔔則很軟但不會斷裂。

烹調法

日本料理用的是白蘿蔔的味道和口感而不是營養，其水分幾乎占95%。多切成白色結晶狀的細絲，用來裝飾生魚片和其他魚類料理。白蘿蔔絲拌胡蘿蔔絲與醋就是道美味的沙拉，加醬油即是微辣的醬汁。

白蘿蔔也可以和紅肉、白肉一起煮，因它很適合慢慢燉煮；另有許多種醬菜也都可以白蘿蔔製作。

事前準備和烹煮技巧

選一條結實、有光澤、表皮平整的白蘿蔔，從中切斷其切面應是光滑多汁的，若切面有不透明如雪花般的海綿狀圖案則需丟棄。白蘿蔔均需去皮；將蘿蔔切絲或長條時，需先削去頂部。

有的白蘿蔔很硬且纖維很多，生吃可能會很苦，一般的做法是切成厚塊和其他菜一起燉煮或切成小方塊熬湯。煮蘿蔔時需要的時間比較長，如此才能吸收其他食材的味道。

存放

白蘿蔔可在冰箱裡保鮮1-2週，但最好在3-4天內食用。

大根（白蘿蔔）是蘿蔔家族的一員，可以說是又大又長的白色紅蘿蔔。

蕪菁

蕪菁原產於地中海沿岸國家和阿富汗，在日本已有1,300年的種植歷史，且已分化許多新品種，最常用的是狀小、圓形的種類，這種日本蕪菁比西方的品種都要小。

白蘿蔔醬油

這種醬汁很適合搭配烤魚或煎魚、肉和蔬菜或火鍋料理，且約可供2-4人享用。

1.從白蘿蔔頂端5公分切下，去皮後仔細研磨，保留汁液並放在碗中備用。

2.將蔥花倒入研磨好的白蘿蔔中。

3.準備檸檬片和醬油少許放在各別的碗盤中，每個人可各自用白蘿蔔泥、檸檬汁、醬油和一滴辣椒油（可依個人喜好）調理醬汁。

烹調小技巧

要尋找多汁新鮮的白蘿蔔並不容易，可以試著去聲譽較好的商店。選擇直徑在7.5公分且敲打時聲音響亮的為佳。過熟的白蘿蔔呈脫水乾癟狀不能食用，需以新鮮蘿蔔代替。

蕪菁果肉含醣、蛋白質、鈣、維生素C和纖維素。

香味與滋味

這種小型的日本蕪菁氣味和紅皮白蘿蔔很像，氣味持久且在烹調過程中能慢慢散發出甜味。

烹調法

葉和根非常適合醃製，許多地區皆有其獨特的醃製方法。烹調蕪菁時，它中間部分很快就會變軟，但和白蘿蔔一樣，因受堅硬表皮保護故不易變形，很適合製成火鍋料理或湯。

事前準備和烹煮技巧

雖然蕪菁的表皮不像白蘿蔔那麼硬，但烹調前還是需要去皮。一般蕪菁不適合研磨或生吃，因其口感不夠辛辣。

存放

若放在冰箱中則蕪菁可以保存幾天。

蕪菁

白蘿蔔切絲

1.從白蘿蔔頂端的5公分處切下，洗淨後去皮。將白蘿蔔置於砧板上，用一把鋒利的小刀把它切成圓柱狀並切片，直到不能再切細為止。

2.把所有的白蘿蔔片層層相疊，用小刀縱切成絲並置入冰水中，瀝乾水分並以廚房紙巾吸乾。

里芋（芋頭）

這種小型呈蛋狀的里芋原產地為印度，是食用年代最久遠的日本蔬菜之一，在中國也很受歡迎。在多毛、條狀、深色的外皮下有種獨特的滑順感，使其易於去皮。亞洲式超市均有售，若無法購得則可以一般芋頭代替。

里芋屬於馬鈴薯家族的一支，在其多毛的外皮下具有一種獨特的順滑感。

香味與滋味

里芋有淡淡的馬鈴薯味，但其口感卻比馬鈴薯豐富，且很奇特地擁有甜中帶苦的味道，它同時具有緊密和多毛的構造。

烹調法

水煮或蒸、沾醬油食用是日本風行的吃法，同時它也非常適合燉菜，如關東煮或冬季湯品。

事前準備和烹煮技巧

需整顆水煮過後，即可輕易剝除表皮，在使用前以廚房紙巾除去表面汙垢。

存放

里芋易於存放，在陰涼通風的避光處可存放5天以上。

薩摩芋（甘薯）

原產地為中美洲的薩摩芋過是從西班牙到菲律賓，經中國、沖繩才傳入日本的，它最初到達的是日本最南端的薩摩島而得此名。

【上圖和下圖】薩摩芋（甘薯）的大小、顏色、風味與口感都很多樣。

僅在日本，這種薩摩芋就有很多品種，表皮顏色從猩紅到紫紅色不等，果實顏色也從金黃色到絳紫色不等，西方的品種與此相比則略顯粗糙，味道也不夠甜。

香味與滋味

有一種濃郁的馬鈴薯味和淡淡甜味。

烹調法

薩摩芋最常用於燉、煮或烤，很適合做為烤肉的食材之一。它還可以作為美味蛋糕或甜點的材料；而水煮或蒸甘薯則可成為一道美味的甜點。

事前準備和烹煮技巧

因薩摩芋的含水量很高，故容易變得過軟或半生不熟，為避免如此，它更適合蒸。

存放

薩摩芋在陰涼通風的避光處，能存放一星期以上而不變質。

南瓜

　　這種蔬菜在日本料理中扮演著重要的角色，原產自中美洲，這種日本南瓜是上世紀多次品種雜交的結果。它有著深綠色和凹凸不平的表皮，且比歐洲的品種小；它厚實的果肉是金黃色的，煮後柔軟甘甜。雖然卡路里含量很高，但因其富含營養如胡蘿蔔素和維生素A，而被視為健康食品；和其他同類品種相較，它是最普遍的。

香味與滋味

　　有一股溫和的栗子香，口感也很相似，但沒有栗子甜。果肉厚實，類似水分含量高的薩摩芋。

烹調法

　　為了不影響它美味的口感，最好以清蒸或水煮，也可以沾麵糊油炸或和其他蔬菜與雞肉一起燉。種子富含蛋白質，可乾炒單獨食用，或作為絕佳的下酒菜。

南瓜有
著深綠色
和凹凸不平的
表皮，其果肉顏色從黃色至橘色不等。

鹽煮南瓜塊

　　這是一道遠比薯條健康的營養餐點。

1. 將整顆南瓜放在蒸籠中以大火加熱5-6分鐘，直到外皮夠軟而便於去皮；若用的是普通鍋子，則煮沸約1公分深的水後放入南瓜煮3分鐘，取出南瓜並剖半。

2. 用手取出南瓜籽並丟棄（當然也可以將籽曬乾，烘烤食用）。

3. 把南瓜切面朝下放在砧板上，用刀削去1/3的表皮，並切成條狀。

事前準備和烹煮技巧

　　這是一種極其厚硬的蔬菜，非常不容易切，所以建議您先將其整顆蒸過以便在切塊前將它稍微軟化。此法以蒸籠為佳，大的平底鍋亦可。

4. 切塊後放回蒸籠中，撒上一把粗鹽，加蓋以大火蒸8-10分鐘，直到可以竹籤刺穿果肉為止。

5. 若使用普通鍋子，則將南瓜塊放在鍋裡，由邊緣加入45-75ml的水並撒一把粗鹽。

6. 加蓋後以中火加熱4分鐘後，再以小火加熱8-10分鐘。

7. 離火後將南瓜置於鍋中悶約5分鐘。

　　雖然南瓜表皮堅硬粗糙，但不要將它完全去除，因最貼近表皮的果肉最美味。間隔地去除表皮，可因綠色表皮和黃色果肉的對比而產生美麗的花紋。這也是種含水量高的蔬菜，所以很容易軟化，因此烹調時不要多加水；一顆普通南瓜約可供4-8人食用。

存放

　　選擇厚實的南瓜，深綠且堅硬完整的表皮為佳；這是種不易變質的蔬菜，在冰箱中可存放一週。

長芋（山藥）

是山藥的一種，也叫山芋，在日本以野生為主。果肉光亮、雪白帶黏性，特有的黏性使其深受喜愛，在冬天的日式超市裡都能買到。

香味與滋味

雖然山藥沒有特殊香味，僅有淡淡的甜味，但它卻因多汁嫩滑的果肉而受到日本人喜愛。

烹調法

在眾多用途中最受歡迎的一種是把它的果肉磨碎，混合大麥製成黏稠的大麥糊；也可以切絲作成醋沙拉或切條油炸。

事前準備和烹煮技巧

山藥在研磨和切碎前不需煮熟，去皮後果肉的顏色會很快變得暗淡，所以要立刻食用或撒上醋或檸檬汁食用。

存放

同與其類似的蔬菜相較，山藥在陰涼通風避免陽光直射的地方可以存放一週之久。一旦去皮就不適合放置，因它的果肉會變成不受歡迎的灰色。

長芋有著獨特的黏液，削皮後以濕布包裹較便於拿取。

真空包裝的銀杏

銀杏

是日本銀杏樹所產的美味果實，在日本被稱為銀杏，是種廣受喜愛的佳餚，也是清酒的傳統下酒菜。銀杏和銀杏葉的說法其實是對另一種日本楓樹的訛用；

已去殼的水煮銀杏

銀杏可帶殼存放，剝殼後袋裝或剝殼加工後罐裝或罈裝，也可以製成銀杏乾貨。

香味與滋味

銀杏沒有味道，但是品嘗起來有濃烈的牛奶味和淡淡的苦味，這也替燉品增添明快的新鮮口感。

烹調法

油炸或微微烘培後的銀杏拌鹽是道極佳的餐後甜點，亦可作為油炸品、燉品或煮湯。

事前準備和烹煮技巧

把果實和相連的部分垂直放在砧板上，以桿麵棍敲碎硬殼，去掉深褐色薄膜，在烹調前先水煮過。最好的方法是將果仁放在水中（需蓋過果仁），用長杓撈去深褐色薄膜；若選用的是乾銀杏，使用前要先泡水幾小時，瀝乾後才加入湯或燉品中。

存放

完整未破損的銀杏能長時間存放，但一旦破損則需在幾天內食用。罐裝或未烹調但已泡過水的銀杏，加清水放在冰箱裡約可存放3天左右。

栗子

　　呈三角形的日本栗子生長在日本各地和朝鮮半島，外殼較中國、歐洲和美洲的栗子更光滑。栗子象徵秋天，在懷石料理或茶會最能有效傳達季節感。除新鮮栗子外，也有去殼的栗子罐，分為生、熟兩種。

香味與滋味

　　栗子從堅硬而白的果肉，到煮後變成嫩黃色寶石，其轉變顯著。正是其金黃色使得它成為重要的食材，伴隨著類似芝麻的味道和淡淡的香甜，栗子煮後的堅果味十分濃郁。

烹調法

　　栗子是日本料理中最實用且最常見的食材，只需燒烤或水煮就能成為一道點心或傳達

煮熟的甜栗子
（日本栗子）

栗子飯

　　用金黃的栗子映襯白米飯的潔白，不僅是一道漂亮的菜餚且十分美味。

4人份
材料：

　　日本圓米225公克
　　新鮮栗子90公克（去殼去膜）或去膜熟栗子150公克
　　海鹽1小匙
　　日本清酒或白酒25ml
　　烘烤過的黑芝麻2小匙（裝飾用）

1. 把米洗淨，多淘洗幾次直到水清澈，把米放到篩子中1小時瀝乾水分，再把米放入深鍋裡。

2. 若選用新鮮栗子則切成兩半，在冷水中漂洗，瀝乾後將栗子放在米上。

3. 把鹽溶解在300ml水中後倒入鍋中，若有必要可另加水直到完全蓋過米飯和栗子，並加入清酒或白酒。

4. 加蓋，大火煮5-8分鐘，直到米飯與栗子開始沸騰後，小火慢燉約10分鐘直到水分收乾。

5. 蓋上鍋蓋放置約15分鐘後，輕輕地將栗子拌入飯中，攪拌時注意別把栗子弄碎。將米飯盛入飯碗中並撒上黑芝麻。

季節感的開胃菜，還能搗碎製成大小、形狀各異的和菓子。栗子飯（與栗子一起烹煮的米飯）是日本最受歡迎的傳統食物之一，每年秋天日本人都會一飽口福。栗金團是將煮熟的栗子搗碎，加糖製成光亮且甜的麵團。栗金團較甘薯製成的金團好，是新年御節料理的佳餚之一。

事前準備和烹煮技巧

　　煮栗子或燒烤前在外殼上切口以便剝殼，除去外殼時，務必去除緊貼果肉的棕色薄膜，否則栗子的味道會很苦。

存放

　　完整的栗子能保存幾週，一旦去殼就需儘快食用。

購買白菜時應選擇結實緊密、又高又圓的、葉子捲曲嫩綠、青翠的白菜。

白菜

起源能追溯到地中海，但白菜主要生長在中國附近的東亞地區，如朝鮮半島和日本。在19世紀末由中國傳到日本，並逐漸適應當地氣候和口味，現在白菜已成為日本料理中最受歡迎的食材之一。

「白菜」意為白色蔬菜，體積比結球白菜大，葉子也比較綠，在西方國家很常見。其葉子緊緊地捲曲著，葉芯帶著嫩黃色，有厚厚的白色菜芯。且演生出其他品種，如廣島白菜等，但這些無法在西方購得。

白菜是種冬天的蔬菜，在寒冷的季節裡替人們補充缺乏的維生素C。

香味與滋味

白菜有種微微新鮮的芳香和淡淡的味道，這種蔬菜的主要特點並非其芳香和味道，而是其脆嫩和烹調時的多面性。因能吸收其他食材的味道，故常搭配濃郁的調味品，並和魚、肉及其他蔬菜一起烹煮。

烹調法

在日本人的餐桌上，鹽漬白菜是搭配白米飯的常見菜餚之一。厚實、白色的菜芯有著堅硬、冰冷的質地，鹽能驅走寒氣並改變顏色。醃白菜同樣也用於慢火煨燉、蒸煮料理。烹調時，白菜的綠葉會更鮮豔明亮，白色莖則變為半透明。

烹調後，白色的莖會變得柔軟而能捲起，更常見的是包裹著絞肉、家禽類或魚後以慢火煨燉。這種多汁的蔬菜也很適合用來煮湯：和切碎的培根一起烹調，加入鹽、胡椒粉和一點醬油調味，就是道簡單又美味的菜餚。

事前準備和烹煮技巧

切掉根部並把葉子撕開徹底洗淨，生白菜的莖十分易碎，但煮熟後會變得柔軟、黏稠而難以咀嚼。所以需切開白菜纖維，並切成一口大小。

存放

若包裝嚴實，這種蔬菜能在冰箱裡長時間存放。雖然容易保存，但若存放超過兩週仍需摘掉一些葉子。

小松菜（油菜）

小松菜在日本是最受歡迎的綠色蔬菜之一，屬於油菜科，在日本被雜交培育。它的葉子平滑柔軟，莖瘦小且纖細。因能抵抗寒冷天氣，這種深綠色蔬菜曾是冬天的代表，但今日它已在溫室裡常年種植。在西方國家不一定能購得小松菜，但是可以菠菜代替。

香味與滋味

小松菜有微弱的芳香和味道，其主要作用在配色和其維生素含量。

烹調法

在家庭料理中，小松菜始終不具主導地位，但它卻是種有用的日本常見綠色蔬菜，和肉一起烹煮能平衡肉類脂肪。煮湯則能賦與其他食材深綠色背景，如白色的豆腐和粉紅色的蝦，它也能醃漬食用。

小松菜（前）和菠菜（後）都要在購買當日食用，因它們會很快枯萎。

事前準備和烹煮技巧

在烹調前徹底洗淨；需輕炒，否則蔬菜的綠色會變成破壞食慾的灰色。

菠菜

菠菜最早起源於西亞，可分兩大類——東方和西方。東方的品種在16世紀時由中國傳到日本，一般都有鋸齒邊緣的三角形葉子和緋紅色的根部；西方品種的葉子則較圓。

菠菜的葉子很薄，質地纖細，氣味溫和而稍甜。最近，一種東西雜交的品種問世，且這一品種在日本已很普遍。菠菜富含維生素A、B1、B2和C還有鐵和鈣。

香味與滋味

日本菠菜有種濃郁的草味和甜味，隱約有點酸澀，尤其是底部柔軟的莖幹。

烹調法

菠菜在日本料理中最流行的吃法是御浸し，將稍微燙過的菠菜拌以醬油和柴魚。

事前準備和烹煮技巧

烹調前徹底洗淨，因菠菜的生長過程緊貼著地面，泥土會進入莖幹中。菠菜總要先過水燙以去掉淡淡的澀味，但沙拉中的菠菜嫩葉除外。

存放

因都是纖細的綠色蔬菜，小松菜和菠菜最好是在白天購買。即使是把它們存放在冰箱裡溫度最低的地方，葉子也會馬上枯萎。在市場上，有罐裝或冷凍菠菜，但這些都呈糊狀且用處也很有限。

春菊（茼蒿）

與名字含義相反，春菊實際上並非菊花而是菊科蔬菜。這種蔬菜有2-3株幼芽，芽上則長了些又長又窄的鋸齒形葉子。

它來自地中海沿岸，最近在東南亞變得非常流行，富含鈣、鐵、胡蘿蔔素和維生素C，可依葉子大小分類，葉子小的能夠生吃。

當春菊的莖幹長到約15-20公分時就可食用，通常會連垂直的莖幹一起採收並運到市場上；烹煮時，春菊的莖幹會變得十分多汁。

香味與滋味

葉子有著濃烈的草味且還稍帶澀味，烹調時黃綠色葉子會變深綠色，且即使煮了很長時間也會保持其堅實的質地。

事前準備和烹煮技巧

仔細洗淨，若要生吃需把莖幹太硬的部分切掉；這種蔬菜的特色在於其獨特的氣味，所以只需稍微煮過，生吃則需把葉子從莖幹上撕下。

烹調法

對於日本的火鍋而言春菊是不可缺少的食材，輕炒後與佐料一起調拌，其細膩的香味也可用在熱沙拉中。春菊也可以燜煮甚至是炒，因它的葉子不會輕易地分解。

存放

這種相對而言比較堅韌的蔬菜可以保存的很好，若放在冰箱則能保存3天。

春菊，在日本中等大小的葉子是最貴的，因其最容易烹煮。

如它的大小般，蔥有著辛辣
的香味與滋味。

蔥

　　這種體形很大
的蔥長30-50公分，直徑
1-2公分，是日本特有蔬菜，即
使在日本，也只有關東地區才
能購得。它看來或許像細長的
青蒜，但其質地卻如青蔥般脆
弱，而且它也沒有如青蒜般堅
硬的菜芯。雖然在日本料理中
很少使用蔥的綠色部分，而更
傾向於使用蔥白，但礦物質和
維生素多存在於綠色部分。這
種蔥有時也能在亞洲的各個超
市買到。

香味與滋味

　　蔥有股辛辣刺鼻的氣味和
強烈的洋蔥味。

烹調法

　　在日本料理
中這種類似青蒜的蔬
菜，主要是切碎作調味品放入
沾醬或湯中。它不僅帶來新
鮮、辛辣的味道，也能替平實
的醬油或味噌湯增色。

　　細細地切碎蔥白用來裝飾
生魚片或別的魚類料理；捲曲
的蔥絲像銀色的髮絲般，是很
好的蘿蔔絲替代品。它能用來
燒烤，尤其是和日式烤雞肉串
或其他肉類，特別是壽喜燒和
涮涮鍋都很常使用蔥花。

事前準備和烹煮技巧

　　仔細清洗乾淨並切去根
部，只要輕炒，因一旦炒過頭
便會變得黏糊糊。用在沾醬和
湯時需切成蔥花，用
在火鍋時則
切成斜片
即可，

　　而用
於燒烤時如日式烤雞肉串，則
切成3-4公分長的段，並以相同
方法處理其他的材料。至於蔥
的裝飾性切法，方法見下圖。

存放

　　這種青蔥即使是放在冰箱
裡，2天內綠色部分就會開始枯
萎並變色，但是蔥白卻能保存
至3天。

蔥段切花

1.選擇小而細長的蔥，切去綠
色部分，保留約7.5公分的長
度。

2.縱向地切開蔥至根的末端1
公分以上，但不要完全切
斷。

3.把切好的蔥放入盛有冰水的
碗裡，浸泡約15-20分鐘或直
到切開的末端呈捲曲狀。

辣韭

這種球狀的蔬菜起源於喜馬拉雅山脈和中國，約有6-7片又小又薄的簇生橢圓形鱗莖，約7.5公分長。這種蔬菜為奶油白或淡紫色，應在仍是嫩莖時採收，每個鱗莖約重2-5公克，但也有些一年後可長到10公克。在日本的晚春到初夏，當許多家庭都忙著醃製醬菜時，市場上到處可見辣韭；產季時也能在亞洲式商店裡購得。

香味與滋味

辣韭在日本與大蒜相差無幾；即使只吃一顆，那味道仍會殘留在你的呼吸中。它有著濃郁的洋蔥味，隱約混合著蒜味，此外生食的味道也過於強烈；但一經醃製，鹽水帶出高糖份，使得辣韭更加美味，且成為熱米飯的最佳配菜。

烹調法

辣韭幾乎都是醃製食用，可以鹽水、甜醋醃製，或以醬油略微浸泡，一般用來搭配米飯或和風咖哩飯。

事前準備和烹煮技巧

修整根部和頂部，並徹底清洗。若辣韭太嫩可馬上醃在鹽水中，或浸泡在醬油中，一週後即可食用。辣韭浸泡的時間越長，味道就越溫和，但氣味會一直存在。

醃辣韭

存放

和洋蔥一樣，辣韭的中心會長出綠色的芽，最後整個鱗莖就會乾透，最好在購買後馬上醃製。

茗荷（蘘荷）

這種外型奇特的蔬菜實際上是茗荷的花苞，來自熱帶亞洲。在夏日野外，花芽直接從根部生長，而人工培養的花苞在摘取前會日曬兩次，以保持其健康的紅色。有些種類的芽在秋天生長，其味道要比夏天的濃郁。

如果讓芽持續生長，它會長成一個50-60公分的細莖，可於冬天食用。有些很特殊的日本蔬菜在西方也有販售，茗荷就是其中一種。

香味與滋味

茗荷聞起來和嘗起來都像藥草而非蔬菜，它有種強烈刺鼻的香味。這種易碎的蔬菜有苦味，因此並不太適合生吃。在鹽水中浸泡幾週，味道就會變得更溫和、甘甜，但和辣韭一樣，刺鼻的氣味會一直保留著。

烹調法

茗荷最有價值的在於其獨特的香味，它可用於調味品中，可作生魚片或其他魚類料理的裝飾，也可以煮湯或製作野菜天婦羅。

事前準備和烹煮技巧

徹底洗掉泥巴，為便於醃製，應用整個或半個茗荷，要吃時才細細地縱向撕開。若要製作沙拉，就需先燙過。

存放

茗荷不太容易枯萎，但若保存在冰箱裡，其獨特的氣味會很快消失，故應置於室溫下並儘快食用。

茗荷

牛蒡

這種瘦小的棕色植物最初是作爲草藥由中國引進古日本，但很快地日本人將它發展成一種日常食品。生牛蒡是不能食用的，煮熟後灰色的肉十分富於纖維，但這也替這蔬菜增添獨特的質感和味道。它主要的養分是醣類，但纖維和鈣的含量也很高。在亞洲的超市裡能同時買到新鮮牛蒡、冷凍或罐裝以及煮熟的牛蒡。

準備烹煮的冷凍牛蒡絲

香味與滋味

生牛蒡有著獨特的芝麻味，味道稍苦，煮熟後其甜味變得更加明顯。

烹調法

「金平」是最能反應這種根莖類特色的菜餚，把胡蘿蔔絲和牛蒡絲加在一起用大火炒，加上醬油和紅辣椒。牛蒡也能用於天婦羅、燉菜和湯，還能做成美味的米糠醬菜。

事前準備和烹煮技巧

擦洗薄薄的外皮，用一把鋒利的刀如削鉛筆般削成絲，然後把根部泡水約15分鐘，以去除苦味；其他方法是把牛蒡切塊並以慢火長時間熬燉。

存放

牛蒡是種堅韌的根，即使不放入冰箱也能保存好幾天。

竹筍

竹筍是東南亞最流行的蔬菜之一，且竹筍罐頭銷量極佳。日本人喜愛新鮮竹筍，它們是不可或缺的當季佳餚，只有晚春到初夏才能購得。竹筍的主要成分是水，營養價值不高，但人們喜歡它那自然且讓人愉悅的外表和新鮮的口感。

日本人以竹筍堅硬的棕色外殼包裹壽司或米製品便當。竹筍也可醃漬或製成罐頭，亞洲式超市裡亦有筍乾出售。

香味與滋味

新鮮的竹筍有很淡的泥土味，其苦味會隨著時間加重。但不管是乾燥的或新鮮的竹筍都能在吸收食材味道的同時，又保持自己的特色。

烹調法

在日本料理中，竹筍一般都是慢火煨燉的，這樣就不會破壞其味道。在日本餐館裡最流行的方法之一是將新鮮竹筍放進魚湯裡煮，嫩竹筍可用來做竹筍飯（把米和竹筍一起煮），老一點的竹筍最好和雞肉與其他蔬菜一起慢慢煮或用大火炒。

事前準備和烹煮技巧

嫩竹筍在洗淨後可切成一口大小直接炒，但老一點的竹筍在使用前需煮過。建議最好用淘米水洗竹筍，因水裡的米糠可減輕竹筍苦味。罐頭竹筍只需沖洗一下並瀝乾就可以直接烹煮，而筍乾在使用前需泡水2-3小時。

存放

新鮮、未煮的整支竹筍能在冰箱裡保存一週以上，但會逐漸失去水分。市面上大部分竹筍都已煮過而無法保存太久，因此需在2天內食用。罐裝竹筍一旦拆封，就應置於水中並放入冰箱保存，且應每天換水並於一週內食用完畢。

竹筍有各式各樣的吃法：趁鮮剝殼切開（後）、用來包壽司（左）、筍乾（前）。

在亞洲式超市裡，
冬天會大量供應新鮮
蓮藕。而罐裝或冷凍蓮
藕則全年供應，並多用於削
皮、切片和烹飪。

蓮根
（蓮藕）

儘管蓮藕僅指蓮的根部，但是蓮這種植物卻和佛教有很深的淵源。從古代起，蓮就是日本寺院池塘中具標誌性的植物。關於將蓮的根部——蓮藕作為食物的最早記載可追溯至西元713年的文獻中。

蓮藕通常有四段，就像個長而窄且打著幾個結的氣球。它的外皮是淺米色，但削皮後就會露出白色而鮮嫩的蓮藕肉。蓮藕裡有從頭貫到尾的氣孔，當蓮藕從中切開時，切面會呈現出花的形狀，所以用它烹煮的菜餚都會呈現出一種特殊的外觀。從營養學來說，其主要成分是澱粉，還包括15%的醣和少量的其他物質。

香味與滋味

在加工前，蓮藕幾乎沒有味道。

罐裝的
熟蓮藕
切片

烹調法

由於蓮藕口感鮮脆，外形獨特，所以被廣泛的應用於日式菜餚中。它被用來做燉菜、天婦羅、壽司；若淋上醋則可做沙拉，而此種做法可顯現出蓮藕的甜味。

事前準備和烹煮技巧

將蓮藕兩端較硬的部分削去，削皮並切片，淋上醋和水（見右圖）以避免蓮藕變色。以加入少許醋的沸水煮過，但不要使用鐵鍋。

存放

挑選結實又沒有瑕疵的蓮藕，若保存在冰箱中，儘管外皮會很快變色，但蓮藕肉的新鮮狀態約可保持5天。

處理蓮藕

切片後加醋烹調的蓮藕可用來做沙拉，或以米醋、糖和少許鹽的醬汁浸泡。

1.將蓮藕切段並切掉兩端最硬的部分後削皮。

2.蓮藕切片後迅速淋上醋和水（120ml水加30-45ml醋）以避免蓮藕變色，浸泡約5分鐘。

3.煮足量的水，加入1-2大匙醋後，將蓮藕片放入水中煮約2分鐘，此時蓮藕片會變軟但依舊鮮脆，離火後瀝乾水分。

豆類

作為蛋白質的主要來源，豆類一向是日本料理的主要食材：從禁肉的時期開始，日本人就發明了各式各樣烹調豆類的方法。

大豆在西方被稱為黃豆，是日本料理中的主要特色，屬於同一豆科的還有黑豆和綠豆，同樣受歡迎的還有紅豆，最初因作為一種健康食品而被西方人所熟知。它們被稱為「豆中之王」且被認為對肝臟和腎臟有益，可是它們並非出於對健康的需求而被應用於日本料理，而是製成非常甜的醬，用於製作甜點或蛋糕。

其他豆類如鵲豆、扁豆、蠶豆、緬甸豆、利馬豆、四季豆、豇豆、鷹嘴豆與樹豆等都是日本料理的重要食材。它們可生吃也可曬乾食用，也有許多被製成零食。當其出現在超市即標誌著新季節的來臨。

黑豆和黃豆

水煮黃豆

這些簡單煮過的黃豆不僅美味，且極具營養價值。

4-6人份
材料：

黃豆275公克
胡蘿蔔1條（去皮切片）
昆布5公分平方
高湯粉1/2小匙（溶解於250ml水中）
粗鹽1/2小匙
糖4.5小匙
醬油2.5大匙

1. 將黃豆浸泡在其數量3-4倍的水中至少24小時，扔掉浮在水面的黃豆。

2. 瀝乾水分後，將黃豆在清水中煮約10分鐘，再次瀝乾並以流動冷水將其沖洗乾淨。

3. 胡蘿蔔切片，放入鹽水中煮熟後瀝乾。

4. 以烹飪用剪刀將昆布剪成小方塊，約同黃豆般大小。

5. 將高湯粉、鹽、糖和醬油放入大鍋中煮沸，加入胡蘿蔔、昆布、黃豆後加蓋以中火煮30分鐘或直到水分煮乾，烹調過程中需不時地攪動。黃豆可冷食也可熱食。

黃豆

最早起源於中國，它們曾一度被認為是神聖的。在日本料理的舞臺上，黃豆的角色並不很耀眼，但它卻是最重要的食材，是日本醬汁的基礎如味噌和醬油的重要原料，當然豆腐也是以黃豆製成。全球有許多產品若不是使用黃豆製作，就失去了今日的風味或質感。

黃豆或稱大豆，意指大顆的豆子（紅豆被稱為小豆），家族中主要有三種顏色：黃色、綠色和黑色。黃豆包括了肉品所有的優點，但又沒有肉品的缺點，富含植物性蛋白質、醣、脂肪、纖維質、維生素B1和B2。基於以上原因，黃豆被稱為「土地裡的牛肉」，並被作為肉類的替代品。最常用的種類是黃豆，在健康食品店或超市裡均有販售。

香味與滋味

黃豆具有獨特的烘烤風味及一種像乾花生的味道。

烹調法

乾的黃豆常被稱為味噌豆，因其主要用途就是製作味噌。它也可用於製作醬油、納豆（發酵後的黃豆）和豆腐，它所含的油脂也可用來烹飪。黃豆可以和其他蔬菜與雞肉一起燉煮，或燒烤後下酒。

綠豆常用於製作日式糕點中的淺綠色部分，而黑豆則多用於燉煮或燒烤，黑豆以其閃亮的黑色而受到人們喜愛，也是新年宴會的主要食材之一。

事前準備和烹煮技巧

除了用來烘烤，乾黃豆在烹調前需浸泡24小時，之後需丟棄仍浮在水面上的黃豆。

存放

如果黃豆被放置在涼爽、通風又不受陽光直射的環境中則可長時間保存。

黃豆製品

日本有各式各樣的黃豆製品，有粉末狀、發酵過的以及豆腐。同樣的，豆腐製品在日本料理中也扮演著非常重要的角色，在本書其他單元會另外說明。

黃豆粉

這是種黃色的黃豆粉，有時候綠豆也被用來製作綠色的黃豆粉。將黃豆粉和等量的糖與一撮鹽混合後，在麻糬外面裹上一層這樣的黃豆粉就是道點心。黃豆粉也可用來製作和菓子，這種黃豆粉在日式超市可以很容易找到。

納豆

這種發酵黃豆的味道相當難聞而且很黏稠，對於西方的口味來說，它的味道很奇怪，但它卻是米飯的上好佐料。將切碎的洋蔥、山葵、白蘿蔔泥和納豆混合

以稻草包裹的納豆，它們通常會被裝在塑膠容器中販售，特別是在西方。

從左開始依順時針方向依序為：黑豆粉、黃豆粉和綠豆粉。

後，加入醬油調味並攪拌均勻，將數杓攪拌好的納豆倒在熱飯上即可食用。

存放

黃豆粉應裝在真空容器中，並放在陰涼而乾燥的地方保存。將納豆放在冰箱內，則需在兩週內食用。

浸泡與烹調黃豆

● 若時間不足則原先較長的浸泡流程可縮短：首先將黃豆放入沸水中煮約2分鐘後離火，加蓋放置2小時後瀝乾水分，以冷水沖洗後再以冷水浸泡2小時即可。

● 在烹調的過程中不要加鹽，如此會使黃豆變硬。將黃豆煮好後，再依個人喜好以少許鹽和黑胡椒調味。

紅豆

紅豆可能是在西方最為流行的日本豆類，這種豆子富含澱粉（超過50%）、蛋白質、纖維質與維生素B1。在日本，它被認為是種非常健康的食品。

紅豆的大小有許多種，顏色也分為紅色、綠色、黃色和白色。最常見的是紅色品種，它一般用來製作和菓子與甜點。綠豆可用來製作春雨（冬粉），豆芽也是由綠豆栽培而來的；而紅豆在超市或健康食品店均可購得。

香味與滋味

可能是因富含澱粉的關係，紅豆有種淡淡的甜味，而且嘗起來像栗子的味道。

烹調法

紅豆可以浸泡在湯汁中，也可以和米一起烹煮而製成紅豆飯在慶祝時食用。但它主要的用途是製作和菓子餡的紅豆

紅豆泥

市面上有現成的罐裝甜紅豆，也有紅豆粉，買回後再重新調製。但最好是製作新鮮的紅豆泥且做法也很簡單。以下將介紹如何製作紅豆泥，它可以用來製作御萩或麻糬餡，最近也很流行用於烘烤。

約可製作500公克
材料：

　紅豆或黑豆200公克
　糖200公克
　鹽

1.將豆子放入大鍋內，加水使豆子完全浸泡在水中後煮過並瀝乾水分。

2.將瀝乾的豆子重新倒回鍋中，加入750ml水浸泡約24小時，把仍浮在水面上的豆子扔掉。將鍋中的水和豆子以大火煮沸。

3.將鍋蓋半蓋於鍋上，並以小火燉煮約1小時，不時加水且用木杓攪拌，直到豆子變得非常軟，而水分也幾乎收乾。

4.加入糖攪勻後持續攪拌至豆子全部被攪碎。加入一小撮鹽，再用杵或攪拌器將其攪拌成均勻的紅豆泥。

泥。紅豆泥也是西式甜點的絕佳食材，只要將紅豆淋在甜點如霜淇淋、水果沙拉或慕斯的周圍或上面即可。

事前準備和烹煮技巧

扔掉壞掉的豆子：在製作紅豆泥前，要將紅豆浸在水中24小時，並把浮在水面的豆子扔掉。但若想在菜餚中保留豆子的形狀、顏色和氣味，如做為甜點裝飾用就不需浸泡。

存放

若紅豆存放在不受陽光直接照射的環境中則可以長時間保存。

綠豆，可以用來製作粉絲；
紅豆，多用來製作蛋糕和甜點。

新鮮豆類

日本料理中很廣泛地使用鮮嫩的豆類，如毛豆、蠶豆、四季豆和豌豆，而毛豆和蠶豆煮熟後則可當作零食。

枝豆（毛豆）

在日本，當包裹在毛絨絨豆莢裡的鮮嫩豆粒開始出現在市場上時，人們就知道夏天到了。這些豆子就是毛豆，也被稱為枝豆，因其被販售時還連著豆枝。它們越來越受歡迎，在日本以外的市場與全日本的餐館，從夏天到早秋的日式超市都能看到毛豆。

豆莢中鮮嫩的豆子煮熟後美味可口，通常用來製作冷盤。煮熟後冷藏則可以保存一段時間。

毛豆（鮮嫩的豆子還在豆莢裡）

核桃醬四季豆

用核桃製作的醬加入蔬菜中增添風味，是種很好的烹調法。

__4人份__

材料：

　四季豆250公克

核桃醬：

　去殼核桃65公克

　細砂糖1大匙

　醬油1大匙

　清酒1大匙

　水2大匙

1.四季豆斜切成約4公分長段，以加鹽沸水煮2分鐘後瀝乾。

2.製作核桃醬：留2-4片核桃，將其餘核桃全部倒入臼中，用杵搗成糊狀。

3.核桃糊變得均勻後，加入糖和醬油使其較乾，再加入清酒和水拌成奶油狀。

4.四季豆放入大碗中，加入核桃醬攪拌，使醬汁均勻包裹住四季豆。

5.搗碎剩下的核桃，將四季豆和核桃醬盛入個別的碗中或是盛在一個盤中，並撒上剩下的核桃粒後趁熱上桌。

烹調小技巧

其他的堅果如花生或種子類的芝麻籽等，也能作為水煮蔬菜的調味醬。若欲製作均勻的醬汁，則研磨時應使用日式木杵和臼，不應選擇一般的西式杵和臼。

水煮毛豆

是種煮毛豆的好方法。

1.若豆莢還連在豆枝上則先將其摘下，去掉連著豆枝的部分。均勻撒上許多鹽，用手將鹽搓勻後放置15分鐘。

2.在一個大鍋中煮大量的水，倒入毛豆後大火加熱7-10分鐘，直到豆莢中的豆子變軟但仍舊鮮脆。瀝乾水分再以流動的水沖洗。

3.將毛豆放入籃子或大碗中，和飲料一起上桌，可以熱食也可以冷食。如果要再鹹一點則可以再撒些鹽。食用時，可以牙擠咬豆莢將豆子擠到嘴裡。

豆腐與豆腐製品

作爲東南亞最古老的加工食品之一，豆腐符合世界各地的健康潮流，並在近年受到廣大的歡迎。豆腐於西元8世紀從中國傳入日本，之後便成爲最重要的食品之一。

日本人把豆腐如其他食品般加工得更精緻，亦生產許多豆腐副產品以符合日本料理的精緻度。豆腐已量產，但在日本某些地區仍有小型的豆腐作坊每天黎明時製作新鮮豆腐。

壓製豆腐

1.將一塊豆腐包裹在廚房紙巾裡，或是放在一塊稍微傾斜的砧板上，再於其上放一塊較小的板子。

2.如果豆腐是被裹在紙巾裡，則在其上壓一個能將整塊豆腐蓋上的大盤子，再將重物如一本書壓在上面，讓豆腐在緊壓的狀態下放置1小時，直到豆腐中所有多餘的水分排盡。

豆腐

以黃豆製成的豆腐極具營養價值，且只含少量脂肪和醣。黃豆煮熟後壓碎，可分離出乳狀物，而在凝結劑的作用下變成凝乳狀。將其倒入模型中放置幾小時後，放入水箱進一步凝固、冷卻。模型底部需鋪上紗布，使凝乳及排水時能夠固定。此法製成的豆腐多裹著一層紗布而稱爲普通豆腐，也叫作木綿豆腐。與之相對應的是以更黏稠的凝乳製成，且不需排水，更精緻、柔軟的絹ごし豆腐（製作時以絲綢過濾，在西方作絲絹豆腐出售），以上兩種豆腐均呈乳白色。

西方的亞洲式超市均有售以10×6×4.5公分的長方形盒子包裝的日本豆腐。在日本商店裡還能買到略微烤過的「やき豆腐」，多作爲火鍋料，其他形狀更小的豆腐則可在各家超市購得。

黃豆的乳狀物被分離後，剩餘的部分被稱爲おから（豆渣），在烹調蔬菜時可作配料，亦可在大型日式超市購得。

香味與滋味

以日本人的口味而言，日本以外地區販售的豆腐幾乎沒

前左起順時針依序為：絹豆腐、略微煎過的豆腐與凍豆腐。

有豆腐的眞正風味。儘管有些新鮮豆腐具有淡淡的黃豆香與奶香，但多以凝乳加水製成。

烹調法

新鮮豆腐特別是絹豆腐，不管冷熱，最佳吃法都就是生吃。可以醬油、蔥花和碎薑作佐料或加入湯食用。相對較硬的木綿豆腐可用來做菜，如炸豆腐湯或豆腐塊。豆腐也能和其他蔬菜、魚及肉類一起烹煮或製作沙拉的白色沾醬。

事前準備和烹煮技巧

豆腐非常容易被撞壞，所以製作時一定要小心。綿豆腐一般是以原樣上桌，但木棉豆腐若被用來煎炸或搗碎後作爲配料的話，就要先擠出一些水分使其變得稍微堅硬。

存放

新鮮豆腐應置於大量的水中後放入冰箱冷藏，若每天換水的話則可保存3天，需遵循盒子或眞空包裝上註明的保存期限。

炸豆腐

將以高湯煮過的凍豆腐裹上蛋糊後煎製，即可成為一道酥脆美味的開胃菜。

4人份

材料：

　附高湯粉的凍豆腐2片
　玉米澱粉2小匙
　雞蛋2顆（打散）
　新鮮巴西利碎末1大匙
　油（煎製用）
　鹽

1.將高湯粉倒入大鍋中，依包裝指示加水煮沸後，加入凍豆腐燉煮並不時翻動，約15分鐘後離火冷卻10分鐘，撈出豆腐並倒掉湯汁。

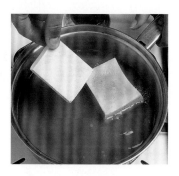

2.將豆腐放在砧板上，擠出湯汁再水平切成兩個薄片。

3.每個薄片分別切成八個三角形。

4.在蛋液中加入玉米粉和鹽，攪至完全溶解加入巴西利，再將切好的三角形凍豆腐均勻沾上蛋糊。

5.以平底鍋熱油後，放入裹好蛋糊的凍豆腐兩面各煎1-2分鐘，裝盤後即可食用。

凍豆腐

凍豆腐也稱為凝豆腐，傳說是幾世紀前由佛教弟子於高野山上發明。是種冷凍的脫水豆腐，無論從質地、顏色、氣味或大小來看，都與普通豆腐不同。凍豆腐的外觀頗似海綿，即使浸泡後味道仍很濃。

市面上銷售的凍豆腐多成袋包裝，每袋五片豆腐，另附一包高湯粉。若選購此種包裝豆腐，則只需將高湯粉加水煮成湯後，與豆腐一同烹煮即可，且此種包裝豆腐極易購得。

香味與滋味

與木綿豆腐、絹豆腐相比，凍豆腐的黃豆香更強，口味也更濃。而它最不同的是海綿般的質地，此特點使得凍豆腐無論烹煮多久都不會碎裂。

烹調法

因其海綿般的質地，使得凍豆腐很能吸收食材的味道，因此常與蔬菜一同燉製濃湯，還可作為精進料理的食材。

事前準備和烹煮技巧

若選購的凍豆腐包裝內不含高湯粉，則在烹煮前需將豆腐泡水5分鐘後，擠出水分並重複至擠出的水從乳白色變清澈。市面上的凍豆腐多已浸泡過，故買來後可直接與附的高湯粉一同烹煮。只需將高湯粉倒入鍋中並加水，再平鋪豆腐於鍋底，依包裝說明烹煮即可，煮好後冷卻並切成適當大小即可食用，還能與蔬菜、香料及調味品等一同烹煮。

存放

未拆封的凍豆腐可長時間保存，需於包裝標示的保存期限前食用。

凍豆腐

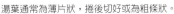
湯葉通常為薄片狀，捲後切好或為粗條狀。

湯葉（腐皮）

湯葉是乾燥腐皮，是在豆腐的製作過程中，晾乾豆漿表面薄膜而成。湯葉的製作很簡單，但卻需要技巧：加熱一鍋豆漿，當豆漿表面形成一層薄膜時，用根棍子將其挑起、晾乾，乾燥後成為一張平整的薄片就是湯葉，若趁湯葉還熱時將其捲起晾乾，即成湯葉捲。

湯葉是精進料理的佳餚，可製成多種形狀，有方形、成捲還有粗條狀，越來越多的日式超市都開始販售袋裝湯葉。

香味與滋味

若用以煮湯，則湯葉會散發出濃郁的黃豆香，吃來有奶香味及酥脆的口感。

烹調法

湯葉主要用於清湯與燉菜中，它是京都特產，經常用於正式宴會中。

事前準備和烹煮技巧

在烹煮前，將湯葉放入溫水中浸泡5分鐘使其軟化，儘管它不會被煮碎，但烹煮過程中仍需小心。

存放

在密封包裝中，置於陰涼處則可存放數月。

炸豆腐

炸豆腐種類繁多，常用於日本一般的家庭料理；與豆腐相同，湯葉也是由住宅區的豆腐作坊現做現賣，就像賣現烤麵包一樣。在西方的日式超市

依順時針方向，左起：がんもどき（擬雁，加入蔬菜的炸豆腐球）、油揚げ（油豆腐皮）、立方與塊狀厚揚げ（厚炸豆腐）。

中亦有販售新鮮炸豆腐，但仍以冷凍的居多。

長時間的煎製改變了原本毫無酥脆口感的豆腐質地與味道，不只產生更多的蛋白質和油脂，也使豆腐更有咬勁。因以蔬菜油炸過，故炸豆腐也適合素食者食用，且與一般豆腐相比更易於製作，既可直接烹煮也可與蔬菜、肉一同烹調。

處理油豆腐皮

1.將油揚げ（油豆腐皮）放在濾網中，以開水沖去表面多餘的油脂，待稍晾乾後以廚房紙巾輕輕擦乾。若是新鮮油揚げ，則將其放入沸水中煮1分鐘，撈出冷卻並擠出多餘水分。

2.將每片油揚げ放在砧板上切成兩片，用手掌輕揉使其切面開口，再用手指將開口打開到底部，使其成為口袋狀即可備用。

油揚げ：這種薄的炸豆腐皮在日式食材中是最常用的，一般大小爲12×16公分，1公分厚，並常與其他材料主要是蔬菜一起烹煮，而它本身則是植物性蛋白質的來源。

這種炸豆腐與眾不同的是，它能像麵包一樣被剝開填入蔬菜或壽司。在使用油揚げ前要倒些沸水以減少其表面的油脂。它可煮或作爲湯及火鍋料，是唯一一種既可冷凍，又可新鮮食用的豆腐製品。

厚揚げ：厚炸豆腐，由一整塊粗製豆腐製成，一般大小爲10×6×4.5公分，表面呈棕黃色，裡面呈白色，通常切成方塊後油炸。在使用前先以開水燙過後，用廚房紙巾包好輕輕擠壓出其中的油脂。厚炸豆腐可燒烤也可加醬油煎成豆腐排，它是很好的湯料與火鍋料，尤其適用於關東煮或燉菜。

がんもどき：加入蔬菜的炸豆腐球是另一種極爲流行的家庭料理，它是由蔬菜末、菜籽、豆腐末與番薯泥一起攪拌製成，將混合物做成方形薄片或直徑8公分的圓形薄片或小球後油炸。がんもどき的意思是「野雁肉一般的滋味」，它本身的味道很鮮美，與其他蔬菜或肉類一起烹煮味道也很好，也可作爲關東煮的材料。

自製がんもどき

加入昆布和胡蘿蔔後，原本簡單柔軟的豆腐便成爲一道豐富的菜餚，可以切碎的青豆代替昆布和羊栖菜。

約可製成12顆

材料：
標準大小的木綿豆腐1塊
昆布5×2.5公分或乾羊栖菜5-10公克
胡蘿蔔1/4條（去皮）
乾香菇2朵（泡軟並切去根部）
四季豆8條
雞蛋1顆
鹽、醬油、味醂
黑芝麻籽1大匙
蔬菜油（油炸用）

1.以廚房紙巾包住豆腐並放於砧板上，以一個大盤子壓在豆腐上，放上重物壓約1小時，完全擠出豆腐中的水分。

2.同時將昆布或羊栖菜以溫水浸泡30分鐘，撈出擠乾水分後切成約1-2公分長細條。

3.將胡蘿蔔、香菇和四季豆切成約1-2公分長細條。

4.將豆腐、雞蛋及少量鹽、醬油、味醂放入擂鉢中或食物調理器中，研磨成柔滑的豆腐末。

5.將豆腐末移入大碗內，加入所有的蔬菜條及芝麻籽攪拌均勻。

6.鍋中熱油至120℃，盛滿一杓生料放於濕潤的手掌中捏成約2公分厚的橢圓型。

7.將捏好的豆腐放入熱油中炸約2-3分鐘，直至兩面都呈淡棕黃色，以廚房紙巾吸去多餘油脂，並以此方法處理其餘生料。

8.所有豆腐球都炸好後，將油加熱至170℃再全部炸至酥脆，趁熱食用。可作開胃菜或主食，並可配上白蘿蔔泥及少許醬油。

再製品

再製品在其製作過程中可加入各種蔬菜如馬鈴薯、豆類、葫蘆及小麥等，從而製作出各種可長期保存的產品，這些產品無論形狀、質地和口感來說都與蔬菜原先的風味截然不同。一開始人們發明再製品是為了在冬天存放蔬菜，而後大家開始喜歡上這種有著特殊形狀和質地的食品，因此它在日本料理中也佔有一席之地。

蒟蒻

這是種與眾不同、很厚實的膠狀塊體，是以魔芋（芋頭的一種）根部切成細條後曬乾磨碎，分離出葡甘露聚糖，蒟蒻粉就是以這種化合物製成。將蒟蒻粉加水後再加入鹼水使其凝固，最後以熱水煮熟便製成蒟蒻。據說這種複雜的加工過程是和佛教一起從中國傳入日本的，而如今只有日本還保有這項工藝。

由於蒟蒻中大部分是水分（97%），且其中主要的營養成分——蒟蒻葡甘露聚糖，不易被消化而被視為減肥聖品。但其與眾不同的外表（被人們稱作是「魔鬼的舌頭」）與奇怪的口感，需要慢慢適應才能體會出其中美味。

日本有許多種蒟蒻製品，如生蒟蒻切片、伊東蒟蒻（蒟蒻條）、蒟蒻球及加味蒟蒻。在西方國家，人們在日式超市中只能買到黑色（未精製）及白色（精製）的いた蒟蒻（一般蒟蒻餅）與白瀧（蒟蒻絲）。蒟蒻的一般大小是15×8×4公分，通常包裝內有水。

香味與滋味

蒟蒻沒有任何味道，但口感滑嫩很像果凍，這也是它受人們鍾愛的原因。

烹調法

新鮮蒟蒻可像生魚片一樣生吃，若燉湯或煮火鍋時，可與蔬菜及肉類一同燉製，尤其可用於關東煮中。

事前準備和烹煮技巧

在烹調蒟蒻前應先將其煮至半熟，由於質地柔軟，用手就可以很輕易地將蒟蒻撕成小塊，也可切成不同形狀或打結做成裝飾。

因蒟蒻不易吸收調味品及其它食材的味道，故需與味道強烈的調味品長時間燉煮。

存放

包裝袋一經拆封便需將蒟蒻泡水，若每天換水則可保存兩週。

白瀧（蒟蒻絲）

白瀧在日語中意為「白色瀑布」，它與蒟蒻的製作過程相同，只是做成白麵條狀的細絲。白瀧有袋裝也有罐裝的，袋裝的通常盛滿水而較脹，在亞洲式超市均可買到，主要用於火鍋料，尤其是壽喜燒或沙拉中。烹調前要煮成半熟，並將長的白瀧切短。

袋裝白瀧（萃取蒟蒻中澱粉製成的亮白色麵條）。

蒟蒻，由一種天南星科魔芋屬的植物所萃取的粉製成。

春雨

干瓢（葫蘆乾）

麩

麩主要用於裝飾，其製作法是將小麥粉與鹽、水混合放入布袋中，在水中搓洗至澱粉滲出，麩質便留在袋內，再將這些麩質蒸至變硬，就製成麩。它常用在佛教禪宗的齋飯中，代替肉品。麩源於中國，但日本人將其發展製成極為輕巧的乾麩，並有不同的顏色、大小和形狀，可作為湯及火鍋的裝飾。由於在麩質乾燥前加入了小麥、糯米粉與／或發粉，所以它已不是單純的麩質。在亞洲式超市中可以買到乾麩。

春雨（冬粉）

春雨在日語中意為「春日雨絲」，以含澱粉的植物如馬鈴薯、甘薯或綠豆製成。將萃取出的澱粉與沸水混合，製成具黏性的混合物後擠成絲，並放入沸水中煮至變硬，再迅速冷卻並冷凍乾燥即製成春雨。在亞洲式超市都有販售這種袋裝乾燥春雨。烹調春雨前先以溫水浸泡5分鐘即可用於沙拉或湯。若將春雨炸過則會膨脹成蓬鬆的白色「鳥巢」；將春雨弄碎，作為炸魚或蔬菜所用的麵糊，便可製成一道與眾不同的天婦羅。春雨需置於真空包裝袋保存並置於陰涼通風處。

干瓢（葫蘆乾）

葫蘆乾在日本料理中有著特殊作用：將食物綁在一起，且看起來不像食物反倒更像包裹帶。其製作過程是將葫蘆肉一層層薄薄地削下，連成一條

約2公分寬的長帶子後曬乾，並在硫磺中燻製使其呈白色。干瓢可綁在肉和蔬菜上並與其一起煨燉，使用前需先將其軟化。先加鹽輕搓，再以水用力清洗破壞其中的纖維，以使其更易於吸收味道，之後便可放入水中煮至變軟。干瓢通常與醬油等調味品一同烹煮，可作為壽司中的材料，在亞洲式超市中可買到30-50公克裝的袋裝干瓢。

麩

菇類

菇類是眞菌類，其發達的分枝長在特定的樹木或樹下。在日本這樣一個相對溫暖潮濕的國家，75%的地面都被山覆蓋，菇類在此普遍生長，並成爲日常料理的一部分。除了以下將介紹的一些著名菇類外，還有些品種跟歐洲差不多，如鮑魚菇、舞茸、羊肚菌、牛肝菌、雞油菌等，還有很多在不同地區、不同季節所生長的不同品種菇類。

大多數的菇類都是由水構成（大約90%），同時富含維生素D、B2及植物纖維。某些品種還有著與衆不同的美味，所以被作爲蔬菜高湯的材料。

新鮮椎茸（香菇）

椎茸意爲香菇，它一直被誤認爲中國的菇種，但實際是起源於日本。香菇是種野生的一年兩生菌類，春秋各長一次，生在雲葉樹、橡樹及栗子樹下，現今也可人工培育。由於可減少血液中的膽固醇，香菇一直被視爲一種健康食品。

香菇種類繁多，其中有著深棕色，

在購買新鮮香菇時，要挑選帶有深棕色柔軟蕈傘的。

直徑爲5公分的柔軟蕈傘，且開傘程度達到70-80%的香菇被認爲是品質最高級的。多菇也是香菇的一種，被譽爲香菇王，有著小而厚實的黑色蕈傘，且蕈傘上有深色的裂紋狀，因其蕈傘上的花紋，有時也被稱爲花菇。

不僅乾香菇隨處可見，因大量人工培育，新鮮香菇也遍佈日本國外市場，這對烹煮日式料理來說無疑是個好消息。

香味與滋味

新鮮香菇有著特殊的木頭香及酸味，這種菇類有著柔軟滑嫩的質地，使它增添了細膩感，乾燥後其氣味會更重。

烹調法

在日式料理中，人們利用香菇可吸收而非破壞其他食材味道的特點，而常將其作爲火鍋料或有肉通常是牛肉和蔬菜的火鍋中，如涮涮鍋或壽喜燒。香菇還可烘烤或裹上麵糊炸成天婦羅。

事前準備和烹煮技巧

在烹調前，以濕的廚房紙巾擦掉香

芥末烤香菇

1.以濕廚房紙巾擦掉新鮮香菇表面髒污，並用小刀切下根部堅硬部分。

2.以中火烤香菇或置於炭火上，每面烤1-2分鐘。還有一種方法是將平底鍋加熱，倒入少許油，剛好蓋住鍋底即可，以中火煎（烤）香菇後，佐以芥末及醬油。

菇表面的泥土及髒污，但切勿以水沖洗，再切掉根部堅硬部分。若要整朵烹調，則在蕈傘上刻十字花作爲裝飾。新鮮香菇容易煮得過軟，在烹調過程中尤須注意。

存放

在挑選香菇時要選擇蕈傘邊緣向下捲曲的，存放幾天後香菇的蕈傘便會張開並變軟，需存放在冰箱的蔬菜保鮮箱。

種類繁多的乾香菇；最右邊的是乾冬菇，被視為最美味的乾香菇。

乾燥椎茸（乾香菇）

新鮮香菇乾燥後，香氣與口味都會加重，乾香菇正因其濃郁的蕈香與使用方便才如此受歡迎。乾燥後，香菇的纖維含量可增加40%以上。

比起日本料理，香菇特殊的風味更適合製作中國菜，所以大部分人都認為香菇是種中國的菇類。

袋裝乾香菇有不同的種類及等級，其中小而厚實的冬菇是最好的品種。

香味與滋味

乾香菇有種強烈的烘烤香及濃重的蕈類香，高纖維含量使其較新鮮香菇更有嚼勁。

烹調法

在日本料理中，通常將乾香菇以醬汁煮過後，再用於蔬菜燉雞肉、什錦壽司或湯麵。

存放

若存放在真空塑膠袋中，乾香菇幾乎可永久保存，也可冷凍保存，這種方式更有助於保留其香味。

金針菇

又名雪ノ下，意為被覆蓋在雪下。這種成捆的菇類有著莓子般的蕈傘及細莖，冬天生長在朴樹、白楊及柿子樹的樹椿上。野生的金針菇長著棕橙色的蕈傘，直徑約2-8公分，而今人們在低溫無光條件下大量培育雪白色蕈傘的金針菇，直徑最長只有1公分，莖細長。這種人工培育的金針菇一般在日本以外的市場販售，用於新式營養沙拉中，常生食。

香味與滋味

金針菇有著鮮嫩的口感及爽脆的質地。

烹調法

金針菇是常見的火鍋料，多用於涮涮鍋、季節性沙拉與湯。因味道不強烈而能與任何原料搭配，也可與魚或家禽肉類以鋁箔紙捲起烘烤；金針菇也能製成沙拉生食。

事前準備和烹煮技巧

約從底部開始2.5-5公分切去海綿質地的根部後，用流動冷水沖洗。金針菇烹煮食用或生食，因它一煮便熟，所以需當心煮過頭。金針菇是最容易處理的菇類，可使菜餚看來涼爽美味。

存放

挑選時要選擇顏色鮮亮的，以密封袋中放入冰箱內，若保存良好則可存放一週。

處理乾香菇

1. 在流動水下迅速沖掉乾香菇表面髒污後泡在冷水中，乾香菇須以溫水浸泡2-3小時或一整夜。若時間不夠，在烹調前需至少浸泡45分鐘且在浸泡過程中撒少許糖。

2. 撈出香菇後輕輕擠出水分，用手指或小刀將根部去掉並將蕈傘切片或切碎備用；蕈柄用於湯中，但不要將浸泡的水倒掉而要以紗布過濾，濾出的水可煮湯或用於燉菜。

人工培育的金針菇

松茸

松茸是種較大的深棕色真菌類，莖粗而有肉的質感，通常在蕈傘未張開前便採摘；其名字意為松樹下的菇。在日本人看來，它意味著秋天的來臨，對於較講究的人來說，如果秋天沒有嘗到松茸飯（與松茸一同烹煮的飯）或土瓶蒸し（有松茸的茶壺湯），就不算過了秋天。

松茸只長在野外的紅松樹上，常與美味的草菇和牛肝菌比較，但相較之下，松茸更為精緻且極其稀少，因此價格也更昂貴，它著實是日本的菇類之王。而不幸的是，松茸絕不會變乾，所以很難在日本境外取得。新鮮松茸有時可在其產季時，在日本大型超市買到，而這絕對值得一尋。

香味與滋味

人們吃松茸的原因在於其有著松樹香氣及細膩口感，莖粗而光滑，且有著與眾不同的鬆脆質地。

烹調法

松茸一定要稍稍烹調，否則其中微妙香味便會消失。最傳統的方法是將其放在炭火上簡單烘烤後以手指撕開，沾柑橘味的醬汁食用。松茸還可用來蒸烤：將其配上少許清酒以鋁箔紙捲好，放在燒烤架上烘烤即可。

其他略微烹調的方法還包括燉製清湯及土瓶蒸し，或用於米飯料理中，如味道濃重的松茸飯。

事前準備和烹煮技巧

松茸不能清洗，而要以濕布擦拭或迅速沖洗，約從根部起1-2公分修剪其硬塊。與食用其他菇類不同，吃松茸就要吃其完整的莖部，所以要將其縱向切開或撕開，注意烹調過程不要過久。

存放

存放時間越久，松茸的香味便越淡，所以要在購買後立即食用或3天內食用完畢。

杏鮑菇
的質地與鴻禧菇頗為相似，在沒有鴻禧菇的情況下可以作為替代品。

玉蕈（鴻禧菇）

鴻禧菇是另一種很有名的日本菇類，生長於秋天，成捆或成圈長在日本橡樹及紅松樹下。鴻禧菇的種類很多，最常見的一種是有著淡灰色蕈傘，直徑約2.5-10公分；還有一種叫做釋迦鴻禧菇，長著小小的蕈傘，短短的莖，且根部連在一起，這種奇特的外形使其很受歡迎，是在西方的亞洲式超市中最常見的一種鴻禧菇。

香味與滋味

鴻禧菇只有些微香氣，口感頗為特殊，其價值在於和杏鮑菇相似的新鮮及肉的質感。

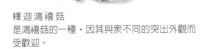

釋迦鴻禧菇
是鴻禧菇的一種，因其與眾不同的突出外觀而受歡迎。

處理鴻禧菇

清洗鴻禧菇並切掉較硬的根部，用手指將大塊的鴻禧菇撕成小塊。

烹調法

鴻禧菇新鮮素樸的特徵很適合日本料理的精緻特質，可用來烹煮鴻禧菇飯（與鴻禧菇一起烹煮的米飯）、清湯及烘烤、煎煮的菜餚，也是常用的火鍋料。

事前準備和烹煮技巧

從根部起約2-2.5公分修剪掉類似海綿的部位，並以流動冷水迅速沖洗，再用手指將連在一起的莖部分開略微烹煮。

存放

將鴻禧菇放在冰箱內的蔬菜隔間，可完好保存一週。保存的方式有許多種，可乾燥、冷凍，也可醃漬，但最好新鮮保存。

滑菇

滑菇意為光滑的菇類，在日本於秋天生長，一般長在闊葉樹如山毛櫸的樹樁或倒下的樹幹上。其蕈傘很小，直徑僅有1-2公分，呈橙棕色的鈕釦狀，表面有層光滑的黏稠物並因而得名。其莖細，約5公分長，根部連在一起。現在有大量人工培育的滑菇，在樹木

上培育的滑菇其品質要比在木屑上培育的好。這種菇類即使在日本也只出售瓶裝及罐裝，新鮮滑菇存放時間很短，所以通常保存在鹽水裡，在亞洲式超市裡很容易買到瓶裝及罐裝的滑菇。

香味與滋味

儘管被一層厚厚的鹽水覆蓋，滑菇卻並不失其本身蕈類的氣味及微弱的甜味。滑菇那種柔軟的光滑感是日本人最引以為傲的，這種特質對於西方人的味覺來說可能有些奇怪，但不妨一試。

滑菇

烹調法

滑菇最常用於味噌湯中，在多種材料搭配下，滑菇與豆腐搭配煮成的湯最為美味，滑菇也可用來製作清湯或開胃菜。

事前準備和烹煮技巧

由於瓶裝或罐裝滑菇是以鹽水保存的，所以在烹調前不需做準備工作，只需在使用前倒掉容器中的鹽水。

存放

若密封在罐頭或瓶中，滑菇可以永久保存，一旦拆封並倒出鹽水就應立即食用。

日本的罐裝菇類種類繁多，其中包括（順時針方向）：香菇、金針菇及鴻禧菇。

77

海藻

早在遠古時期，日本就已盡享海洋的豐富饒贈，如魚類、甲殼類或海藻。超過30種的海藻及更多數量的海藻製品成為日本料理的要素之一。

大多數海藻內含幫助消化的碳水化合物，其數量高得驚人（50%以上），還富有鐵、鈣、磷及碘，與豐富的維生素A和C，市售的海藻及海藻類產品一般都是乾燥狀態。

昆布

這種巨型海藻是日本料理中不可或缺的，它既可獨立成菜，又可為其他菜餚增添細膩口感，如高湯（魚肉高湯）。昆布內含的大量穀氨酸鹽，是其風味的主要來源，並富含碘、鈣與植物纖維。

昆布生長在日本沿海的北方海域，北海道是乾燥昆布的最大產地。昆布的種類繁多，從5公分到30公分寬的都有，有的甚至可長到20公尺。這些昆布都需乾燥並分級，且視用途分類，如食用或熬製高湯而。昆布色淺而厚實的莖是品質最好的部分。

おぼろ昆布（乾燥的昆布片）

乾燥昆布還可加工成許多種副產品，如將小段昆布作為開胃菜或用於佃煮（一種慢燉的開胃菜）。常見的昆布製品還有從新鮮昆布上刮下的おぼろ昆布與とろろ昆布。とろろ昆布是縱切的蓬鬆昆布細絲，可用來烹煮清湯佐以米飯食用。おぼろ昆布是一大張幾近透明的薄昆布片，可用來捲米飯或其他食物，常作裝飾用。

香味與滋味

乾燥昆布有著獨特的海水香及重口味，質地微濕。

烹調法

乾燥昆布在日本料理中最重要的作用是與柴魚一起熬製高湯，它還可為米飯增添另一種風味，或用在壽司中或與蔬菜、魚、肉一起燉煮。

事前準備和烹煮技巧

乾燥昆布表面有層白色粉末，這是乾燥過程中的附帶物，不要清洗或沖掉它，而要以濕的廚房紙巾擦拭。在烹調中，即煮湯或用在火鍋中，昆布片通常用來做成裝飾用的昆布結或昆布捲，浸泡過乾昆布的水可用來煮高湯或湯。

昆布絲加醬油慢燉出的佃煮，有鹹味。

存放

將未拆封的乾燥昆布置於乾燥通風處，可保存數月。

製作昆布結與昆布捲

1. 要製作昆布結，需先將一片昆布浸泡在溫水中使其軟化，將昆布縱向切成16公分的小片，再切成2-3公分寬的條狀，在中間打個結即可。

2. 要製作昆布卷，先將泡好的昆布片縱向切成5公分的小片，再緊緊地捲起。可依個人喜好，將胡蘿蔔、鰻魚片或肉類如火腿、香腸捲在昆布捲中。最後在外面綁上一條昆布細條以確保不會散開。

用烘過的海苔捲壽司是最為理想的，在亞洲式超市可以買到烘的或以醬油、鹽和麻油調味後的海苔片。

海苔

最有名的海藻製品當數海苔，乾燥如紙的淺草海苔就是紫菜，這是種約25公分長，5公分寬，橙棕色膠片狀的海藻。製作法是將海藻洗淨，薄薄地鋪在竹子或木頭框架上，以太陽烘曬製成。

海苔富含植物纖維、維生素及礦物質。用來捲壽司的海苔一般是20×18公分，通常一袋裡有五或十片，還有「迷你型」約8×3公分大小的海苔片。海苔基本上用來捲米飯，特別是傳統日式早餐，有時海苔是已烘烤過或塗上一層以醬油為主的調味品。在大型超市均可購得，其他種類的海苔亦可在亞洲式超市買到。

香味與滋味

儘管海苔有種輕微的煙燻味，人們還是喜歡它淡淡的海水香。顏色深而發亮的海苔口味比泛紅又便宜的海苔重些。

烹調法

海苔主要是用來與米飯製成壽司，亦可包飯糰或麻糬，還可將海苔弄碎點綴什錦壽司與蕎麥麵。

事前準備和烹煮技巧

若想將海苔的香氣全部釋放出來並使其口感酥脆，可在使用前稍微烘烤一下海苔的兩面，方法是：拿著一片海苔使其保持水平，放在小火上烘，要不停移動使其受熱均勻，只需2-3秒海苔便會變得酥脆，但不可以烤。海苔其中一面比另一面光滑些，所以捲壽司時需確保光滑面朝下放在捲壽司用的竹簾上，如此一來粗糙面便可捲入壽司中。

存放

放在密封袋裡並置於容器內，海苔基本上可永久保存，但不要使其受潮。

海帶芽

這種棕橙色的海藻類，可長至1-2公尺，從初冬至初夏生長在海底下的岩石上。海帶芽多是乾燥或經鹽漬的，有不同的種類、大小及等級。

富含維生素且不含脂肪，使得海帶芽成為有益的健康食品。只有日本生產新鮮海帶芽，但近年海帶芽加工也得到很大的發展。有種很容易變軟的切碎袋裝海帶芽可以很容易購得。

香味與滋味

這種海藻有著清淡的香氣與清爽的口感，外表光滑還有著蔬菜的鬆脆。

烹調法

海帶芽是種很常見的湯料，也可淋上酸味醬做成沙拉，還常與蔬菜一同燉煮。

事前準備和烹煮技巧

乾燥海帶芽在使用前需軟化，若海帶芽要連莖使用，則需先在溫水中浸泡15-20分鐘再切開。速食海帶芽在使用前需以水浸泡約5分鐘，瀝乾後淋上沸水並立即放入冷水中，則可增加其綠色光澤；某些種類的海帶芽可直接放入湯中。

存放

海帶芽以密封袋保存，置於陰涼處則可永久保存。

乾燥的與切好的海帶芽

羊栖菜（鹿尾菜）

羊栖菜是種多枝、黑色的海藻，生長在日本沿岸，長約1公尺，為注重健康飲食的饕客們所青睞。它富含維生素、礦物質如鈣與纖維素，不含脂肪，一般經烹調乾燥後包裝販售，在亞洲式超市都可買到。

香味與滋味

羊栖菜幾乎沒有氣味，只有淡淡的海水香氣，質地粗糙。

烹調法

羊栖菜一般先經微煎後，與蔬菜及醬油底的調味品共同燉製，也常與油揚げ一起烹煮，且由於其色黑及頗似小樹枝的形狀，常用來點綴米飯製品如什錦壽司、飯糰，以形成誘人的對比色。

事前準備和烹煮技巧

將乾燥的羊栖菜放入溫水中浸泡15-20分鐘至其軟化，一般情況下羊栖菜會膨脹至乾燥時的7-10倍。這種海藻因質地粗糙，故可長時間烹煮，羊栖菜很容易吸油，所以常在微煎後，加入高湯、醬油、味醂與糖煨燉。

存放

乾燥羊栖菜在密封容器中可長期保存。

寒天（洋菜）

又稱瓊脂，是由天草（石花菜）——一種有著葡萄酒顏色，蕨類植物外形，產於印度洋、太平洋的海藻加工製成，該產品經冷凍乾燥後便成為一種透明的膠質物，但卻有著傳統凝膠物所沒有的優點。

在高於室溫的狀況下，寒天可變為不透明的膠狀物，所以無需冷藏。它沒有其他凝膠物的橡膠質地，所以易於切開且質地更為牢固，更易於脫模。最重要的是寒天有著清脆的特質，與其他凝膠食品相比更為健康。它基本上沒有營養價值，只含有一些幫助消化的植物纖維。冷凍乾燥的寒天有三種：約25公分長的棍狀、相似長度的細絲狀及粉狀。

羊栖菜

寒天的種類繁多，棍狀及細絲狀最為常用，在亞洲式超市很容易買到。

香味與滋味

寒天不具任何氣味與味道，這使得它成為一種完美的凝膠食品，同時還可以吸收其他一同烹煮的調味品味道。

烹調法

寒天常作為膠質，用來製作點心及蛋糕。

事前準備和烹煮技巧

若要使用棍狀或細絲狀的寒天，需先在水中浸泡30分鐘至其軟化，然後擠出水分。將寒天撕成小塊並放入熱水中至全部融化，加糖溶解後過濾，再將液體倒回鍋中加熱3分鐘以上。將液體倒入一濕潤的方形模型中冷卻後冷藏，成型後用手指沿著模型邊擠壓使其脫模，再用刀切成小塊即可。依包裝說明的比例製作，一般情況下，1小匙粉末可使30ml的液體成型。

存放

將冷凍乾燥寒天置於陰涼乾燥處，可保存數月。

香草及香辛料

不同於歐洲料理喜歡將香草、調味品與主要食材一起烹調，日本料理習慣以調味品增添香氣及口味，故常撒在菜上或幾種調味品混合製成沾醬。

紫蘇、薑和山葵都是人們熟悉的調味品，還有些野生山菜，因特殊的香氣與口味而當調味品使用。遺憾的是，這些山菜很難在日本以外找到。

紫蘇

儘管紫蘇原產於中國、緬甸及喜馬拉雅山區，但已在日本種植了幾個世紀，並成為日本料理中不可或缺的調味品，它雖是薄荷家族的一員，卻帶有淡淡的羅勒屬植物的味道。

紫蘇分綠紫蘇及紅紫蘇兩種（後者在美國被稱為牛排植物），整棵紫蘇從漿果到花都可作為日本料理的調味品或裝飾。綠紫蘇的作用在強烈的味道，而紅紫蘇則是其顏色與氣味。因易於存活，現在西方也大量種植，但其他地區種植的紫蘇其香氣與味道都不如日本的濃郁。在亞洲式超市一年四季都可買到袋裝的這種植物。

香味與滋味

紫蘇有種與眾不同的強烈氣味，口味濃重並具穿透性，這點比薄荷更像羅勒。

紫蘇葉

烹調法

一般來說，只有綠紫蘇作為菜餚的調味品及裝飾，常用於生魚片、天婦羅及醋沙拉中。而紅紫蘇則用來製作梅干（一種鹽漬的日本梅子）及其它的醃製品。兩種紫蘇的漿果、莖部及花都可用來點綴生魚片、湯及醬汁。

事前準備和烹煮技巧

紫蘇葉可整片使用或視需要切成不同形狀，在天婦羅中需將葉背裹上麵糊迅速油炸。

存放

紫蘇葉片很薄，不能長期保存，所以要裝在塑膠袋中放入冰箱，並在3天內食用。

鴨兒芹

這種香料的莖上生長著三片淡綠色、酷似香菜的葉子（因此而得名），其莖略微泛白，長約15-20公分，屬於巴西利家族的一員，在日本國外一些地方也種有此菜，在亞洲式超市都可買到。

香味與滋味

鴨兒芹有著較強的草味，口味微苦。

烹調法

使用鴨兒芹是由於其獨特的氣味，所以通常只需將幾片葉子放入清湯、蒸蛋或開胃菜中。它還可用在火鍋中，其莖部除可煎煮外，最大的用途便是像繩子般捆綁其他食材，在捆綁前，要先將鴨兒芹的莖部放入沸水中燙過後迅速撈起，如此可使其更為柔韌。

事前準備和烹煮技巧

這是種非常細嫩的菜，所以只需稍微煮過即可。

存放

將鴨兒芹放入塑膠袋裡，並置於冰箱內。

鴨兒芹

生薑

新鮮的薑是最古老、最廣泛使用的調味品之一，一年四季都可買到。在日本料理中，人們只使用新鮮的薑或榨出的薑汁。除生薑（薑根）外，葉生薑（長葉的生薑）及芽生薑（長芽的生薑）在日本夏季也可買到。葉生薑在其還沒有完全成熟，還連著莖時便被摘下；芽生薑是整棵薑，底端還連著根部。薑的價值不僅可以烹調還有其藥效：據說薑可以暖身、幫助消化、預防運動傷害。市場上亦售有袋裝或罐裝的醃薑片。

新鮮的薑

香味與滋味

新鮮生薑氣味辛辣，會讓人聯想到柑橘且口味強烈，因

其鮮嫩的特色，而能像蔬菜一樣烹煮，烹調後的薑根，其纖維含量會增加，且辛辣味更加濃重。

烹調法

除與壽司搭配的醃薑外，日本料理中，薑根常被磨碎且烹調時只用薑汁。葉生薑也可醃製後點綴烤魚，而芽生薑因其鮮嫩的特色，可直接搭配味噌生食或用來製作天婦羅。

事前準備和烹煮技巧

使用前需先削皮，若要榨汁，則要使用日式磨薑板或乳酪刨粉器，仔細地磨薑後擠出薑汁。製作醃薑則要使用絕對新鮮的根薑或葉生薑。

存放

挑選一塊有光澤、淺米黃色、外表光滑的根薑，置在陰涼通風處並避免陽光直射，可保存兩週。

鮮薑的榨汁法

若想獲得最佳效果就要使用日式磨薑板，這種磨薑板的表面突起，底部可盛汁液。將鮮薑去皮後在板上摩擦，再以手指擠壓磨好的薑，擠出薑汁後丟棄剩餘的薑肉，薑汁便榨取完畢。

家庭自製醃薑

醃薑製作方法簡單，可存放數月。

可製作475ml
材料：
　新鮮生薑或芽生薑200公克
　鹽1-2小匙
　米醋250ml
　水120ml
　糖3大匙

1.將新鮮生薑或芽生薑削成薄片，撒上鹽放置24小時。

2.準備一個放入米醋、水和糖的小碗，不停地攪拌至糖完全溶解。將鹽醃過的薑以水沖洗後瀝乾水分，加入糖醋混合汁浸泡一週。（薑在這段時間會逐漸變成粉紅色）食用時，可視需求多寡沿著薑的紋理將其切開食用。

薄片狀的醃薑，市場上售有袋裝或罐裝的產品，也可在家中自製。

山葵

適中可口的日本料理持續超過一千年，而山葵的加入則為其增添不尋常的辛辣。山葵意為長在山上的蜀葵，在介紹時儘管二者並無任何關聯，仍常被比作日本版的歐洲辣根。山葵長在野外、山裡清澈的小溪中，而今多數山葵是以人工培植場培育的，使用的流動水則取自附近河流的純淨河水。

剛磨好的新鮮山葵有淡淡的香氣，沒有辣根強烈的辛辣味。但即使是在日本，剛磨好的山葵也很稀有，日常使用的山葵粉及山葵皆以山葵根部製成，因壽司在全世界流行，山葵也變得隨處可見。在研磨過程中，山葵呈鮮綠色。

香味與滋味

剛研磨的山葵有種清爽、類似蘿蔔的氣味，口感辛辣。為求更刺激的口味，在製作山葵粉和山葵醬的過程中，會加入含白辣根在內的多種原料。

山葵粉與山葵醬

烹調法

山葵和生魚片是不可拆散的組合，山葵醬通常配生魚片及壽司；山葵還可用來醃製蔬菜和沙拉調味醬。

事前準備和烹煮技巧

要找到新鮮山葵需靠運氣，用鋒利的刀削掉粗糙的外皮後，從頂端開始仔細研磨，因頂端的口味較辛辣。要將山葵粉製成山葵醬，只需在粉末中加水即可。（詳見左邊說明）

存放

新鮮山葵不能長期保存，這便是日本以外無法購得的原因。密封容器中永久保存山葵粉，一經拆封，塊狀山葵醬便需保存於冰箱，且在幾週內食用完畢。

山椒

其字意為生長在山上的辣椒，但實際上山椒並不是辣椒類植物，而是種帶刺的灰樹。它生長在日本、朝鮮半島及中國。山椒在日本料理中有相當

山葵醬的製作

在蛋杯中加入1小匙的山葵粉，並加入等量的溫水，攪拌至呈現堅實、黏土般的膏狀，在使用前，將蛋杯倒扣在板子上並放置至少10分鐘。此步驟可以避免山葵醬乾掉，而且同時可使其特殊的香味更加濃烈。

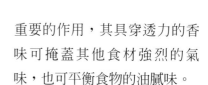
山椒粉

重要的作用，其具穿透力的香味可掩蓋其他食材強烈的氣味，也可平衡食物的油膩味。

山椒的用處很多，所以許多日本人會種植在自家庭院，且從春天到秋天，它生長的每階段都可為人們利用。山椒長出的嫩芽叫做木の芽；開的綠色小花叫做山椒花，這種花會在整個春天綻放。初夏時期，山椒會長出味道辛辣且略帶苦味的果實，叫做み山椒或つぶ山椒。這些不同時期的產物都可在摘下後，用於日常料理。秋天時，當山椒豆莢乾燥且其表皮裂開後，丟棄會苦的種子，將其豆莢磨成粉就成了花椒粉。可自己在家將乾燥外皮磨粉，但通常人們會直接購買磨好的山椒粉。

基本上，在亞洲式超市都可以買到瓶裝或罐裝山椒粉。在中國料理中，人們只使用被稱作川椒的乾燥豆莢。

香味與滋味

山椒的辣味不如辣椒強烈，且具有淡淡的薄荷香與淡淡的酸味。

烹調法

山椒粉最常用在蒲燒鰻及其它烘烤料理，如日式烤雞肉串。山椒粉也是七味粉的原料之一；新鮮的木の芽及山椒花可不經烹煮，直接用來裝飾燉菜、沙拉、烤魚及湯品。

存放

瓶裝及罐裝的山椒粉一經拆封，其氣味便會逐漸消失，故需在數月內將其食用完畢。

ゴマ（芝麻）

芝麻生長在全球熱帶及亞熱帶地區，而芝麻籽、芝麻也被用於全世界的料理，還可用來製作香油。

芝麻橢圓形的種皮分為四部分，每部分都長有許多小而飽滿的種子。其顏色從白到黑都有，而日本料理通常只使用白芝麻和黑芝麻，具體選擇則視料理而定。

芝麻籽營養豐富，富含油脂、蛋白質及氨基酸還有鈣、鐵及維生素B1、B2。生芝麻籽很堅硬，不易消化並有種難聞

黑色及白色的芝麻（芝麻籽）

的氣味，所以日本的芝麻在上市前多烘烤過，被稱作炒りゴマ或あたりゴマ，在較大的亞洲式超市售有袋裝產品。

香味與滋味

芝麻籽一經加熱香味會變鮮活，因此使用前常會再烘烤過，以使其散發堅果香及濃厚而鬆脆的口感，芝麻的這些特點都是日本料理需要的。

烹調法

整顆的芝麻籽與鹽混合，可以撒在米飯上或混合在壽司飯中。芝麻醬可作為很好的蔬菜調味品，也可用來做芝麻豆腐。在芝麻醬中加入紅色及白色的味噌、味醂及糖便可做成一道簡單的調味醬，可灑在煮或燉過的白蘿蔔片上。

事前準備和烹煮技巧

芝麻在使用前需將其輕微烘烤過，方法是加熱乾燥的小平底鍋，以中火烘烤芝麻籽並不停翻動，加熱30秒-1分鐘至全部變成金黃色後，以研缽及搗杵碾碎約一半的芝麻籽，使其散發香味。

存放

將芝麻籽放入密封容器或密封袋中，並置於陰涼通風處，避免陽光直射則可存放數月。

製作白芝麻調味醬

在菠菜、四季豆等煮過的蔬菜上淋上這種調味醬，可增添濃郁的香味。

1. 加熱一乾燥的小平底鍋，加入3-4大匙的白芝麻籽，以中火烘烤，並不停地翻動芝麻。烘烤時間約1分鐘，至芝麻變為金黃色即可，烘烤過程中一定要掌握好時間及火候，以避免芝麻燒焦。

2. 將烘烤後的芝麻籽移至一擂缽（日式研缽）或研缽中，用擂槌或搗杵將芝麻籽用力搗碎，直至芝麻變為糊狀。

3. 再加入1-2小匙醬油、2-3大匙水及1大匙味醂，攪拌均勻即可。

完整的乾紅辣椒

乾紅辣椒

這種來自南美的辣味調味品並非日本本土食材,所以一般只在具外國特色的菜餚中才會用到。儘管日本人一直對本土生產的新鮮食材引以為傲,但他們也會用到乾紅辣椒。

紅辣椒在16世紀引入日本,直到現在新鮮紅辣椒還是很稀少。它的日本名字是唐辛子,意為中國芥末,也說明了它是透過中國傳到日本的。日本料理中常用的又長又細的紅辣椒叫做鷹の爪,這品種通常是乾燥的,辣度比新鮮紅辣椒高3倍,所以需酌量使用。

日本的七味唐辛子粉便是由乾的紅辣椒粉,加入其他粉末包括芝麻粉、罌粟籽粉、大麻籽粉、紫蘇

粉、山椒粉及海苔粉製成。也有只用紅辣椒製成的乾燥粉末,稱為一味粉。這兩種調味粉都可作調味用,同時也可撒在湯、麵條、日式烤雞肉串及其它烘烤的肉類及魚類。在亞洲式超市中都可買到這兩種小瓶裝的調味粉,辣油也是由這種乾紅辣椒製成。若油很熱則紅辣椒的辣味便很容易散發出來,常用於烹煮中國式料理如拉麵及餃子。

香味與滋味

乾辣椒只有在加熱時,其辛辣的氣味才會變得明顯;但辣椒籽即使在沒有加熱的情況下,其味道依然很辣。一般來說,長得越大越肥的辣椒味道就會越淡,當然也有例外。

烹調法

鷹の爪是用來製作紅葉蘿蔔泥的,這是一種沾醬與蘿蔔泥的組合,常與火鍋如涮涮鍋搭配。它還可以作為辣味調味品的原料,如魚露,一種葡萄牙風味,搭配烤魚的酸辣醬。

事前準備和烹煮技巧

乾的紅辣椒籽尤其辛辣,所以烹調時一定要先除去。首先切除梗並去掉籽,如果無法將籽除去則把紅辣

紅辣椒可製成辣椒粉或辣油。

椒泡水直到變軟,即可用刀背將籽除去。在日本料理中,通常將紅辣椒切成細環狀撒在食物上作為裝飾,效果很好。

存放

將乾紅辣椒放入密封袋,置於陰涼處則可永久保存。

製作紅葉蘿蔔泥

這道菜因塞在白蘿蔔中的乾紅辣椒那如秋日楓紅的美麗顏色而得名。

1. 將3-4條乾的或新鮮紅辣椒去籽,若選用新鮮紅辣椒則要將其切成細條。

2. 切下5-6公分長的一大塊白蘿蔔,並削掉外表的硬皮。從一端以筷子縱向挖3-4個深洞,並在每個洞中插入一條紅辣椒絲。

3. 放置5分鐘後,用一鋒利的磨菜板研磨插有紅辣椒的白蘿蔔,若要將其做成沾醬則要使用日式磨薑板。

水果

日本從北至南跨越了很大的緯度，因此其水果種類繁多，從北方的蘋果和梨，到南方的柑橘類及日本枇杷等不勝枚舉。蜜柑又稱爲薩摩蜜柑，可能是西方世界中最受歡迎的日本水果，而柿子與梨子也在西方超市中佔有一席之地。柿子的橘紅色昭示著果實成熟的季節，又代表著秋日紅葉的顏色，因此成爲烹飪的絕佳原料。

柑橘類水果如柚子及酸桔都可用來爲料理增添風味。

柚子

用於日本料理的眾多柑橘類水果中，柚子是最受歡迎的。它的大小與克萊門氏柑橘相當，有著厚而結實的黃色外皮，整個冬天都是成熟期。除了可以烹調外，柚子在日本還可作沐浴用，熱柑橘澡對皮膚大有好處還可祛寒暖身。一般情況下，在柚子成熟季節，即可在日式超市中購得，若買不到也可用酸桔代替。由於市場需要，一種叫做酸桔醋的柑橘類調味品已上市，其氣味與柚子相同，市售有罐裝產品。

香味與滋味

柚子具有一種獨特的強烈氣味，且具有穿透力，所以一般不能生食。

←柚子
酸桔→

烹調法

由於柚子有著漂亮及芳香的外皮，一般都是整顆使用；但有時也會把它切成條狀或塊狀來點綴湯、沙拉、燉菜、醬菜、開胃菜及點心等。儘管柚子果實不能直接食用，但果實榨出的汁可用來做沙拉的調味汁或沾醬；在拿出果肉後，完整柚皮可用來做盛裝開胃菜的容器。

事前準備和烹煮技巧

在使用柚子前需以鋒利的小刀切成小塊，少許直徑5公釐的果皮絲便足以點綴菜餚。

酸桔

酸桔是日本料理中另一種常用的柑橘類水果，它比柚子要小些，每顆約重30-40公克，有著厚實的綠色果皮，果肉呈淡黃色，有水分且籽較大。其味道不如柚子強烈，主要

用來點綴生魚片、烤魚及火鍋料。酸桔最有名的是與松茸搭配，做法是將酸桔汁淋在微微烤過的松茸上或灑在松茸土瓶蒸し中。果皮也可研磨後作爲沾醬。酸桔的產季一般僅爲盛夏，在日本國外很難買到，但可用檸檬或萊姆代替。

柿子

日本本土柿子已在日本生長數世紀，約有800-1,000個品種，但一般在西方市場上出售的只有富有柿和次郎柿。柿子的直徑約10公分，果皮堅硬光滑呈橘紅色，果肉密實，口感清脆，味道與莎隆果（產自以色列的新品種柿子）相似。其核如花般，有時有八顆籽，但基本上無籽而可裝飾料理。

因其紅色與秋葉顏色相同，故柿子入菜即象徵秋季，也可用於蔬菜料理的裝飾與沙拉。某些品種的柿子有苦味，若未加工則不適合食用，故一般都如椰棗般乾燥加工。

柿子上市對日本人來說意味著秋天的到來。

蜜柑

蜜柑在西方被稱爲薩摩蜜柑或中國桔橙，種植在日本較暖和的地區，尤其是瀕臨太平洋的南部及西部海岸。其英文薩摩蜜柑，源於九州——日本最南端島嶼的西部海岸，蜜柑最早就是從這個地方進口的。

蜜柑在冬季生長，是橘類中最多汁、甘甜的品種之一，富含維生素C及β-胡蘿蔔素。在西方隨處可見新鮮蜜柑，也易於購得罐裝去皮蜜柑。

香味與滋味

蜜柑有著淡淡的柑橘類水果香氣，口味甘甜多汁。

烹調法

除可直接食用外，蜜柑還可與寒天（洋菜）或其他水果搭配做成餐後的甜點。除去果肉的整個果皮可當作容器盛放開胃菜。

梨子

蘋果

蘋果起源於中亞，是全世界最常見的種植水果之一，據說有超過一萬個品種。日本曾經種植過1,500種蘋果，而其中只有約20個品種是長期栽種的。現在日本種植的這些蘋果對日本來說都是些較新的品種，它們都是在1872年從美洲引進的。而此後日本又發展出眾多品種的蘋果，且向西方出口國內的雜交成果，如富士。蘋果還有一系列與眾不同的品種，其中有一種蘋果的果核外是一層叫做「蜜腺」的甜而幾乎透明的部分，這種蘋果通常在日本國外無法買到。

富士蘋果是由國光與Delicious種五爪蘋果雜交而成的，被視爲世界上最好的蘋果品種之一。它多汁、果肉厚實、氣味濃重、口味甘甜，並可長期存放。

梨子

なし意爲梨子，一種圓的赤褐色的日本梨子，在西方也很容易買到。日本約有十種本土及雜交品種的梨，其中最有名的包括長十郎梨及二十世紀梨。由於含水量達到84-89%，日本梨子有著多汁清脆的質地，甜味並不明顯。它的果肉幾乎透明，可用來製作果醬，但大多數情況下都是作爲開胃菜生吃或製作沙拉。

日本的蘋果比西方品種要大很多，圖中這些蘋果的直徑都有10公分。

梅子

梅子是生長在日本時間最長的水果之一，約有300個品種，大致可分為開花樹與結果樹兩類。與杏桃一樣，梅子果實成熟時，顏色由灰綠色轉黃色並帶紅色花紋，大小與高爾夫球相當，在六、七月間收成。梅子與眾不同之處在於它不能生食，不僅因味道過於強烈，還因未成熟梅子果核中含有會引起胃部不適的氫氰酸。因此梅子常被加工成梅干（醃梅子）、果醬、梅酒（梅子利口酒）及糖果。

醃製梅子

若製作得當，醃梅子可在冰箱內存放數月。與米飯一起食用

梅子或桃的醃漬過程

這是種梅子（或杏桃）的簡易醃法，可保持果實的清脆口感，這也是道健康的配菜，可與米飯搭配食用。

約可製作1公斤
材料：
　未熟梅子或小的杏桃1公斤
　米醋或白酒醋1大匙
　鹽115公克
　燒酎或白蘭地

1.將梅子或杏桃清洗後浸泡在大量水中至少1小時，瀝乾水分後再以廚房紙巾輕拍吸乾剩餘水分。

2.用雞尾酒籤（或牙籤）去掉梗，把梅子或杏桃放入冷藏袋中。在果實上灑醋，再加上2/3的鹽，一手抓緊袋子並搖晃使鹽分布均勻。

3.將剩餘鹽的一半撒在一個經過消毒的非金屬大碗中，將袋中的梅子或杏桃倒入其中再撒上剩餘的鹽。

4.用一塊沾有燒酎或白蘭地的小布塊擦拭碗內，再將一個灑上燒酎或白蘭地的碟子扣在果實上，並置上1.6公斤重的乾淨重物。最後將碗、碟子與重物以乾淨的塑膠薄膜包好並加蓋。

5.取下重物醃漬一週，但此期間內不得薄膜打開，每天需將容器內液體搖勻兩次。

由於梅子無法生食，日本人便發明一系列的梅子加工法，可鹽漬、乾燥也可製成果醬、利口酒及糖果。

時，梅子是很健康的零食或清淡的小菜。在醃製過程（見上列說明）中，始終保持環境乾淨並消毒是很重要的：一旦將梅子放入冷藏袋中，就不要隨意觸摸梅子。在醃製的一週中，需要搖晃盛裝梅子的容器時也需確保果實與設備不與未經消毒的物體接觸。

當可以正式醃製時，移去容器上的薄膜，將梅子或杏桃與浸泡過的液體一同轉移到一消毒過的瓶內，加蓋存放在冰箱內。大約一週後便可食用，若密封良好則可保存數月。

家庭自製梅干

　　梅干又稱醃梅子，是日本特有的醃漬品，常在早餐時與米飯一起食用，被視為幫助消化又可保持腸道清潔的滋補佳品。梅子常與紅紫蘇一同醃漬，一是為吸收紫蘇的香味，二是利用紫蘇鮮紅的顏色。以下介紹梅子或小顆杏桃的基本醃漬法。

約可製作2.5公斤
材料：
　梅子或小顆杏桃2公斤
　燒酎或白酒120ml
　鹽360公克

1.仔細清洗梅子或小顆杏桃，並在大量水中浸泡一夜。

2.濾乾水分後，以雞尾酒籤（或牙籤）去梗，再用一塊乾淨的布將每顆果實拍乾後放入一個大冷藏袋中，均勻地灑上3/4的燒酎或白酒。

3.加入3/4的鹽並搖晃袋中梅子或杏桃，使鹽均勻分散。

4.將剩餘鹽的一半灑在一個非金屬深碗中，把所有果實移入碗中，再把剩餘的鹽均勻灑上，並於碗中撒上剩餘的燒酎或白酒。

5.將碟子扣在碗中果實上，加上4-5公斤重物。以一透明塑膠薄膜將碗密封，並在上面緊緊地蓋上一塊布或紙。

6.將容器置於陰涼處，避免陽光直射，放置10天或直到碗內液體淹過碟子。

7.將重物重量減半，繼續包上薄膜再放置10-25天後瀝乾。

8.將醃漬過的果實放在一平整的竹製濾網上，在陽光照射下風乾3天。

烹調小技巧

　　在陽光下放置3天後便可食用，但若繼續存放一年，口味更佳。

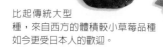

比起傳統大型種，來自西方的體積較小草莓品種如今更受日本人的歡迎。

枇杷

　　儘管東南亞大量種植枇杷，但實際上它原產自中國。枇杷呈橘黃色，如雞蛋大小，味道不太甜而略帶酸味，質地厚實。枇杷因其橢圓的形狀酷似亞洲樂器——琵琶而得名。果實成熟時，其外皮會自然脫落，露出光滑而發亮的表皮。

　　在日本，枇杷沿九州的太平洋海岸生長，早春為其產季。人們常購買新鮮枇杷，而因其橘紅色外皮與小巧外形，有時會用來裝飾開胃菜托盤以象徵春天到來，還會與果凍或寒天（洋菜）一起製作點心。

草莓

　　草莓最初是在19世紀由荷蘭商人引進日本，而對於今日規模龐大的日本水果產業來說，算是較新的成員。許多來自美國、英國、法國的品種被用於雜交，且日本已能生產果肉厚實、口味甘甜、大小各異的草莓，如とよのか及女峰。體積龐大幾呈方形的ふくわ草莓以前曾是日本人的最愛，而今由於大量新品種湧入，它已漸失往日輝煌。

　　草莓富含維生素C，因氣候適宜及種植技術先進，現在日本一年四季都可吃到草莓。

魚類

　　無疑地，日本人是世界上魚類食用量最高的民族。在東京築地魚市，每天有3,000多種魚貝類等待交易，這使其成為全球魚類交易量最大的市場。在日本，魚類的選擇性比世界任何地方都多，主婦們每天都到市場購買鮮魚。以下介紹日本料理中最常用的魚類。

鮪魚（金槍魚）

　　鮪魚屬鯖魚，在西方也很容易購得。鮪魚有許多種類如藍鰭鮪（日本稱黑鮪魚）、大目鮪、黃鰭鮪、長鰭鮪及南方藍鰭鮪。鰹魚和鮪魚雖屬同一家族，但卻是另一種魚。

　　肉呈深紅色的藍鰭鮪是鮪魚中的極品，生活在全球的溫暖海域，最北達日本北海道的南方海岸。在夏季，藍鰭鮪可重達350公斤，身長3公尺。最常捕撈的鮪魚是生活於熱帶海洋、身長2公尺的大目鮪。而長

用於製作生魚片的鮪魚依部位不同、含油量多寡分類。前腹肉及中腹肉都是魚身下方的肉，但前腹肉比中腹肉含的魚油更多。背部的赤身是鮪魚魚身上方的肉，含油量較少。

鰭鮪的品質較差，多加工成罐頭或魚片；南方藍鰭鮪已如黑鮪魚般深受人們歡迎。

　　市售鮪魚多去皮後切成魚片或魚塊，故很難分辨品種。

　　日本販售的鮪魚一般切成較便於製作生魚片的塊狀，依部位分為赤身與腹肉兩種，赤身呈紅色，位於魚身上方；腹肉則是魚身下方，含魚油的部分。有時視含油量多寡，將腹肉分為前腹肉、中腹肉及大腹肉。二戰前，赤身比腹肉更受歡迎；而今人們普遍認為腹肉口感比赤身好，售價也更高。

香味與滋味

　　質地厚實光滑的鮪魚肉有種清淡的甜味。

烹調法

　　多用於生魚片、壽司、沙拉，也可加鹽烘烤或照燒料理及燉菜。長鰭鮪無法生食，多製成魚片罐頭出售。

事前準備和烹煮技巧

　　使用新鮮的魚，魚肉一旦變色便不能食用，並除去魚肉上所有的血管。

存放

　　用於生食的鮪魚應立即食用，也可存放在冰箱裡或冷凍保存，但最多存放2天。

生魚片與壽司用生切片

　　可直接生食的魚包括鮪魚、鰹魚、鮭魚、鯖魚、大比目魚、海鱸及鯛魚。製作時一定要使用新鮮的魚而不能使用已切好的魚片，同時也不能生食解凍後的魚。

鮪魚、鰹魚或鮭魚的切片法

　　買一大塊不帶血管的魚，切成2-3公分厚、6-7公分寬的魚片。若用於製作壽司，則要將魚片縱向切成5公釐的薄片，切片時刀刃在砧板上要保持一定的角度。

　　若用來製作生魚片，則要切成1公分厚的片狀，也要將刀刃保持一定的角度。

小魚或平魚的切片法

　　用鋒利的刀將魚小心切片去皮後，除去魚片中的魚骨。先將魚肉從中間一切為二，再切成薄片，下刀時要稍微傾斜。

鰹魚

鰹魚是日本料理中最重要的魚類之一，有多種製作方法，由於該魚死後很快就會變質，所以在西方市場上很難買到新鮮鰹魚。鰹魚的身長約1公尺，重20公斤，生活在熱帶及亞熱帶海域中，春天成群地來到溫暖的日本海岸邊。鰹魚是種外形很漂亮的魚，背部呈深藍紫色，銀白色的腹部帶有黑色條紋。在鰹魚家族中，還可細分爲圓舵鰹、圓花鰹及齒鰆（東方狐鰹），這些品種都比鰹魚要略小些。

在日本，產季（春天至初夏）開始時捕捉到的鰹魚稱爲初鰹，被視爲一大美味；而在秋季捕捉到的鰹魚則被稱爲戾り鰹，因爲這時它們正在返回南方的路上，此批鰹魚口味更加濃重，魚肉質地更加厚實。

香味與滋味

鰹魚的肉質呈深紅色，比鮪魚的顏色深，並帶有腥味。

劍旗魚通常切成大塊或片狀出售。

新鮮的鮭魚是製作生魚片與鮭魚子很受歡迎的原料。

烹調法

鰹魚最有名的烹調法是半烤鰹魚，配上薑、大蒜及其它香料一起食用。還可將整條魚曬乾做成鰹節，再削成柴魚片作爲高湯料，在日本國外也可買到加工或罐裝鰹魚。

鮭魚

鮭魚與鱒魚同屬，但日語中サケ專指鮭魚，而在日本如國王鮭、櫻鮭及粉紅鮭等都被視作鱒魚，更是讓人混淆不清。還有一些品種如銀鮭及紅鮭魚，則既被稱爲鱒魚又被叫做鮭魚。鮭魚之王當數狗鮭，它有著完美的銀色魚身。在日本從9月到1月會有大批狗鮭回到自己的出生地產卵。其中有部分被捕撈進行人工授精後再放回去，石狩灣地區位於北海道——日本最北部的島嶼，即因鮭魚養殖而出名。

烹調法

在日本，人們用鮭魚製作生魚片；但在西方，因擔心寄生蟲感染，多請魚商從一大塊鮭魚上切下新鮮的魚肉，而不購買已切好的魚片。

日本的傳統製法是將鮭魚以鹽醃漬後製成新卷。新鮮鮭魚通常用來煎烤或製成酒蒸し（清酒蒸鮭魚），還可用於火鍋或湯中，石狩鍋便是種味噌湯底的鮭魚火鍋。鮭魚還可用來加工製成罐頭或燻鮭魚，其他的鮭魚產品包括筋子（醃漬鮭魚卵巢）及鮭魚子。

旗魚

旗魚實際上是一類魚的總稱，這類魚中最重要的是紅肉旗魚和劍旗魚兩種。它們都有著長長的劍般的嘴，背部有大鰭。這類魚生活在亞熱帶及熱帶海洋中，身長3-5公尺，有些體重甚至超過500公斤。

香味與滋味

旗魚的味道與肉質都與鮪魚相似，紅肉旗魚有著淡粉色的魚肉，被視爲最好的品種。

烹調法

旗魚常被用來加工製成其他產品，但也可以製作生魚片或照燒料理。

整條鱸魚及鱸魚片

鱸魚

　　鱸魚可長至1公尺長，其身長超過60公分則會更加美味。這種魚的外表美觀：大眼睛、藍灰色的背部與銀白色的腹部。粉紅色的魚肉，味道鮮美、口感清脆，爲生魚片及壽司增添鮮美的風味。

　　烹煮時應加些清淡的調味品，因其肉質鮮嫩，故不宜油炸，適合燉湯、清蒸或火鍋。

　　一年四季都可購得整條鱸魚或鱸魚片，從春天到初夏，在其產卵前味道最好。野生鱸魚味道最佳，但沒有野生鱸魚也可以人工飼養鱸魚代替。

鯛魚

　　在日本料理中，鯛魚因多用於喜宴而有特殊地位。最大的鯛魚可長至1公尺，但通常是將30-50公分長的魚整條烘烤。在特殊場合，鯛魚烘烤前多以鐵籤固定成特定形狀使其看來似乎仍活著，並以此象徵不畏激流、勇往直前的精神。紅鯛魚有著紅色且泛銀光的皮，烘烤後其顏色會變得更加鮮紅，而紅色在日本則被視爲歡樂喜慶的顏色。

　　鯛魚肉經烹煮後會變爲乳白色且呈薄片，故多用來製作鯛魚蓋飯，此外還可製成生魚片、壽司（如押壽司）、湯及其他搭配米飯的菜餚。

紅鯛魚及黑鯛魚，其中黑鯛魚的魚肉質地與
紅鯛魚相似，但卻不如紅鯛魚。

圓形魚的切片及去皮法

1.將魚去鱗並除去內臟、頭後，以流動的水沖洗並用廚房紙巾拍乾，置於砧板上。

2.用一把鋒利的刀盡可能沿著脊椎切入，從背部一直切到尾部，並始終保持刀面平貼著魚骨。

3.將魚翻過來，重複相同動作切下另一面的魚片。

4.將魚片的魚皮朝下放在砧板上，將刀口插入魚尾部的皮肉間。用一隻手緊緊壓住魚皮，另一隻手則拿刀沿著魚皮推到魚頭，如此一來魚皮便與魚肉脫離。

鰈魚

全世界的鰈科魚類共有100多種，包括歐鰈、鰨魚、大比目魚及牙鰈，其中有20多種都生活在日本附近海域。鰈魚看來與比目魚極爲相似（見下圖），除了眼睛部位外：鰈魚的眼睛長在身體右側，而比目魚的眼睛則長在左側，且鰈魚的嘴更小些。不同種類的鰈魚有著不同的肉質及結構。鰨魚的肉質厚實細膩，口味極佳，被認爲是其中最好的品種。上等的大比目魚很有肉感，且通常是整條出售，但大魚有時也會被切成魚片。牙鰈的肉質柔軟，並沒有特殊口味。

不同種類的鰈科魚上市時令也不同，而即將產卵的魚尤其受人們所鍾愛。鰈魚的烹調方法繁多，可做生魚片、油炸、燉煮或烘烤。

平魚的切片及去皮法

1.將魚放在砧板上，用一把鋒利的刀，沿著背鰭劃開，並在中心魚骨上切開魚肉，另一面重複同樣做法。

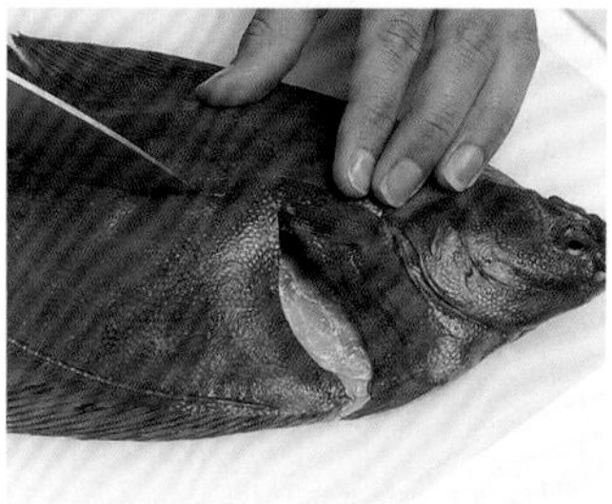

2.將刀口水平切入魚肉與魚骨間，小心沿著魚骨以刀尖片下魚肉。在切的過程中，要輕輕拉下已切下的魚肉，並注意安全。

3.其他三片也以相同方法分離魚肉與魚骨。

4.將一塊魚片的魚皮朝下放在砧板上，將刀口插入魚尾的皮肉間。用一隻手緊緊壓住魚皮，另一隻手則拿刀沿著魚皮推到魚頭部位，如此一來魚皮便與魚肉脫離了。其他三片亦重複相同做法。

比目魚

比目魚是牙鰈的一種，其身體扁平，眼睛長在背部。背部的皮呈亮黑色，腹部是不透明的白色。是日本料理中常用的魚類之一，可製作生魚片、壽司，可油炸、煨燉及清蒸，也可放入醋漬蔬菜或調味沙拉中。比目魚靠近魚鰭的部位，有一塊又薄又寬，鍊子般褶皺被稱做緣側的魚肉，其味道細緻美味，可製作生魚片及用來煨燉或烘烤，也可依個人喜好換成庸鰈或檸檬鰈來製作。

日本人所稱的鰈魚其實是一整類的魚，其中包括歐鰈、鰨魚、大比目魚及牙鰈。

整條的鯖魚

鯖魚（青花魚）

鯖魚有著流線型外觀，紅色的肉因變質得快故應在捕捉當天食用。新鮮鯖魚的特點是眼睛清澈、魚皮發亮、腹內無異味。小魚較大魚好，鯖魚很肥約含16%的脂肪，秋天的產季時脂肪含量會增至20%或更多，並含20%的蛋白質。

香味與滋味

肉質鮮美多汁但略腥，可用鹽減輕。與味噌和醋一同烹煮味道極佳。做成生魚片時，可以碎薑醬油作為沾醬。

烹調法

製作生魚片時多鹽醃後以醋浸泡。為防止寄生蟲感染，醃漬浸泡是絕對必要的。被稱為「しめ鯖」的鹽漬法，意為使魚肉堅實並除去寄生蟲。鯖魚也可油煎但因口味強烈，與天婦羅其他原料不同，所以不適合製成天婦羅食用。

竹莢魚

竹莢魚是約50個品種的魚類總稱，從藍竹莢魚至竹莢魚，西方的大魚商均有售。其體長可長至40公分，但多在長到10-20公分時便被捕撈，縞鰺可長到1公尺長。竹莢魚被視為高級魚類，多製成生魚片。一般的竹莢魚為灰色，肉質堅實，身體兩側下方都長有鋸齒狀的尖鱗片，處理前應先將這部分切掉，否則在處理過程中可能會被它刮傷。從春天到秋天都是該魚的產季。

烹調法

新鮮竹莢魚可製成半烤竹莢魚，也可切成生魚片沾上碎薑醬油食用，還可烘烤、煨燉並加入醋漬料理，而較小的魚最好整條油炸。竹莢魚的乾燥加工品也很有名，如開き干し（將整條魚切開取出內臟製成的魚乾）及味醂干し（將整條竹莢魚切開後加入味醂乾燥製成）以及

整條的竹莢魚

くさや（將竹莢魚切開後乾燥，味道強烈）。可在亞洲式超市買到竹莢魚乾。

しめ鯖的製作法

1. 切下新鮮鯖魚兩面的魚片但不要去皮，在一個大平盤中鋪上厚厚一層鹽，把魚肉朝下放在鹽上，再蓋上一層鹽，放置至少30分鐘，最好是3-4小時。

2. 用鹽醃漬好後清洗魚肉，並用廚房紙巾拍乾，使用鑷子除去所有魚骨。

3. 在一事先備好的平盤中倒入120ml米醋或白酒醋，將魚肉朝下放入盤中，再灑一些醋，使魚在醋中浸泡10分鐘後瀝乾。

4. 以廚房紙巾將魚肉拍乾，並小心地用手指除去透明的魚皮，但要使銀色花紋留在魚肉上。製成生魚片時，只需將魚肉縱向切成1-2公分厚的魚片即可。

鮟鱇魚的肉質
堅實，有脆感，可用於各種烹調法。

鮟鱇魚

鮟鱇魚及河豚在日本料理中都可作為冬天的象徵。

烹調法

鮟鱇魚很受日本人歡迎，無論飯店還是家中都可用於火鍋。其肉質堅實，有脆感，烹調時不易散開，所以適合煨燉、煎製或烘烤。

鮟鱇魚所有部位，包括肝臟、胃及卵巢都可食用，其中肝臟尤其美味，常被用來與鵝肝醬作比較，一般用醋醃漬。

沙丁魚

沙丁魚是日本料理中最常用的魚，占所有捕撈魚總量的25%。除主要品種外，真沙丁魚、大眼沙丁魚及一種體形較小的日本鯷魚都被視為沙丁魚類。真沙丁魚背部呈藍綠色，腹部為銀白色，身體兩側均有深色斑點，可長至25-30公分；日本鯷魚身長15公分。一年四季都可買到沙丁魚，但冬天的味道最好。

烹調法

新鮮沙丁魚可烘烤，可放入醋漬料理、什錦壽司中，可煎製，也可剁碎做成魚丸。然而大多數的沙丁魚還是用來加工成罐頭或多種乾燥品，如煮高湯的煮干與目刺し（將4-6條半乾沙丁魚用一根草串起）。不到3公分長的小魚一般經乾燥後用來製作白子干し（見「魚類加工製品」）。過去由於不同的食品法規，出口這

←罐裝去頭、內臟的生沙丁魚，其脊椎骨浸泡在油中。

↓秋刀魚

些魚類受到一定限制，而現在西方可以自己生產某些魚類加工製品，也可在日式超市購得。

秋刀魚

秋刀魚的身體長而窄，背部呈藍黑色，腹部為銀白色，生活在北美洲及俄羅斯周圍海域，於秋天來到日本，此時也是食用秋刀魚的最好季節，因此時秋刀魚的脂肪含量最高，約為20%。

事前準備和烹煮技巧

在秋天，秋刀魚最好整條烘烤或用平底鍋煎，食用時配上白蘿蔔泥及醬油可去除魚腥味。乾燥秋刀魚也很受人們歡迎，在其他季節中，秋刀魚沒有那大量的脂肪，則可用新鮮秋刀魚製作醋漬沙拉或壽司。

產季時，在大規模魚商處可買到新鮮秋刀魚，同時也可買到罐裝熟秋刀魚。

甲殼類

與魚類相同，甲殼類也是日本料理中不可或缺的食材，且日本可能是全世界食用甲殼類種類最多的國家。大多數的甲殼類都用於製作生切片和壽司以及其他形式的料理。以下介紹的是日本料理中最受歡迎的幾種甲殼類，在日本國外也可以買到。

註：在美國，所有的蝦子一律統稱為蝦，只是依大小不同，分為小蝦、中等的蝦及大蝦。而日本人則將蝦分為不同種類，如對蝦、明蝦等。

海老（蝦）

日本料理所使用的眾多甲殼類中，蝦占最大貿易額。若想吃蝦壽司就需在可能提供的至少五種含蝦壽司中選擇具體的種類。車海老（虎蝦、斑節蝦）的蝦殼為淡紅色，上面帶有棕色或藍紅色條紋，可長至20公分長。牛海老（黑虎蝦、草蝦）蝦殼為深灰色，有黑色條紋，與車海老一樣有著最鮮美的味

道。這兩種蝦在極新鮮的情況下最好生吃，但也可以烘烤、煨燉、煎及煮湯。コウライ海老（中國蝦）又稱作大正海老，其蝦殼為淺灰色，可炸製天婦羅，還可大火炒或煨燉。

日本蝦如芝海老（周氏新對蝦）及牡丹海老（牡丹蝦）多用於烹飪，而北極赤海老也稱作甜蝦，常用於壽司。手長海老（沼蝦、長臂蝦）有著長長的觸角，常用來煨燉及煎製；更小些的櫻花蝦則多製成乾貨。很遺憾地，許多蝦都無法在日本國外購得。

事前準備和烹煮技巧

在日本可以買到所有種類的鮮蝦，有時還是活體，而在西方市場的蝦則多為冷凍的，蝦的優點之一是一年四季都可吃到。一經烹調，蝦就會變成亮紅色或粉色，為菜餚增色不少。烹調時不剝去蝦殼可有助於保留蝦本身的味道。

紅蝦

牛海老
（黑虎蝦、草蝦）被視為味道最為鮮美的蝦。

保持蝦身筆直的方法

蝦身一經加熱便會捲起，而在製作天婦羅、烘烤及用平底鍋煎蝦時，卻不希望蝦身蜷縮，這時可在烹飪前在蝦肉內插入一根牙籤，並於烹調後取出。若在烹調後很難在不破壞蝦形的情況下將牙籤取出，則還有另外一種選擇：如炸天婦羅時可用手抓住沒裹麵糊的蝦尾，慢慢地放入油鍋中，使其一段一段受熱，如此也可保持蝦身筆直。但在此過程中，要小心避免手被燙到。

伊勢海老（日本龍蝦）

伊勢海老（龍蝦）

日本龍蝦有著棕紫色或紅紫色的外殼，與大多數的美洲和歐洲龍蝦不同，日本龍蝦的螯要小些。它們生活在日本西部的太平洋岸、加勒比海、澳洲與非洲附近海域中，可長至35公分長。因其烹調後呈紅色，在日本象徵著歡樂與幸福，故依據傳統龍蝦會出現在慶祝宴會料理。

烹調法

龍蝦肉有著與眾不同的厚實、香甜口感，味道鮮美，新鮮龍蝦還可以像生魚片一樣生吃。在海鮮餐廳中，龍蝦一般被放在水槽中供顧客選擇，廚師便著顧客面前製作一道叫做生き作りの菜餚（生切片）。但需注意的是，在上菜時生切片是放在切開的蝦殼中，蝦殼上還連著頭，龍蝦的眼睛彷彿在盯著食客，而其觸鬚也仍可活動。龍蝦還可在木炭上烘烤，佐以柑橘類醬油食用。

螃蟹

在日本周邊海域中生活著約1,000種螃蟹，最常見的品種是帝王蟹、毛蟹與松葉蟹。由於螃蟹內臟很容易變質，所以漁夫的做法是在螃蟹剛被捕撈上船，還沒有運到市場時就將其蒸煮過。

帝王蟹雖然看來像巨大的帶刺蜘蛛，但味道鮮美。一隻成熟的公帝王蟹有12公斤重，寬1公尺。其三角形的身體呈亮紅色，下面為灰白色。

烹調法

蟹螯中的肉是最主要的食用部分，可沾柑橘類醬油生吃，可做沙拉，也可烘烤或煎，還可放在火鍋中。蟹肉也是壽司的主要原料，在做菜時罐裝蟹肉更為常用。需要注意的是蟹肉棒及其它海鮮肉棒中不一定含有蟹肉。

帝王蟹的螯

日本美食

螃蟹味噌： 由螃蟹內臟製成，被視為日本美食之一，常作為開胃菜或與清酒搭配，一般為罐頭包裝。

松葉蟹： 這種螃蟹的肉味道甜美，經常冷凍或罐裝出售。松葉蟹身體為圓形，呈粉棕色，腿長，被視為螃蟹中的皇后。

大一點的烏賊如雷烏賊，肉質鮮美，切片後可做成生切片。

形，長18公分，觸手長20公分，體內有軟骨、肉厚，產季從初秋到深冬，與此同時上市的雷烏賊，其觸手長至45公分。螢烏賊是較特殊的品種，長5-7公分，身體可發光，幾乎透明，生活在日本附近海域，產季在春季及夏季。赤烏賊身體龐大，呈深紅棕色，體內有一個薄軟骨，常用來製作乾貨、煙燻及醃漬加工品。

烏賊與魷魚

　　烏賊是日本常見的甲殼類，有許多品種可用於烹調。菜餚中要選用哪一種烏賊，通常是由其滋味、質地、顏色與產季決定。

　　魷魚也稱作Japanese common squid，呈深紅棕色，身長30公分，觸手長20公分，從夏季到秋季均為其產季。槍烏賊身長約40公分，觸手相對短些，身體呈淡紅色，頭部略尖，這種烏賊在西方的冬季到晚春時節最常見。

　　劍先烏賊與槍烏賊相似，但其頭部更尖，春、夏兩季為產季。障泥烏賊（軟絲）看來像大號的魷魚，身長超過40公分，觸手約50公分長，但沒有含鈣質的軟骨，產季為夏季但極為少見。甲烏賊的身體為圓

烹調法

　　新鮮烏賊可做生切片，在日式超市中常可買到加工過的烏賊。只需稍微烹煮，一旦煮過頭就會變得不易嚼碎。整條烏賊常用來製作烏賊壽司（烏賊中填入米飯）。

烏賊的處理法

1.將烏賊在流動冷水下沖洗乾淨，把手指伸入烏賊體腔內，抓住觸手，將其連同軟骨及內臟全部拉出。

2.分開烏賊的兩片鰭與體腔，皮會一同被撕開露出雪白的肉，將皮輕輕剝去後丟棄。

3.切除內臟後把觸手從烏賊頭上切下，並將皮搓掉。

4.若要製作生切片，先將肉縱切成兩片，再切成條狀，以此減少烏賊肉那不好嚼碎的纖維，這些條狀肉被稱作烏賊素麵（烏賊麵條）。

5.若要製作觸手生切片，則將10條觸手平均切成5片或將每條觸手切為1片，再將2條長觸手一切為二。

6.若要製作天婦羅或用平底鍋煎及烘烤烏賊，則先在外側肉刻十字刀花後再切片。

烹調小技巧

‧觸手煎炒後會變得粗糙，故需切好與蔬菜一同煎炒。

‧若要造成「魷魚花」的效果，則要先在其肉內側刻上漂亮精細的十字花再切片，迅速油炸即可。

小章魚

烏賊與魷魚加工品

日本的烏賊產品種類繁多，在西方的專門店中可以買到的種類也越來越多。

魷魚乾

魷魚乾是將整條烏賊剖開後曬乾，是下酒好菜之一。經常將其整條烘烤後撕成小片，灑上些醬油後食用。劍先烏賊的肉質軟嫩，做成魷魚乾後味道最好，在日式超市中可買到包裝好的整條或片狀的魷魚乾，在亞洲式超市中還可很容易買到中國出產的魷魚乾。

魷魚乾，以劍先烏賊製成，品質最佳。

鹽漬魷魚

這種產品是將生魷魚以其墨汁與鹽浸泡製成，可下酒也可與米飯一同食用，一般以罐裝產品出售。

松前漬け

這是關西地區（大阪及其周邊地區）的另一種美食，是以魷魚乾、昆布與胡蘿蔔碎片經味醂和醬油浸泡製成，可下酒或配飯食用。日式超市中售有包含所有材料的包裝產品，可買回家自己製作。

章魚

章魚的乳白色肉質與其紅色外皮所形成的對比（章魚加熱後，皮會變成紅色），再加上其腕足形成的圓形，都為日本料理增色不少。全世界捕撈的章魚超過10種，大小各異，有不到10公分的小章魚，也有超過3公尺長的大章魚，其中又以真章魚科的章魚最為普遍。

日本料理中將章魚的8個腕足以沸水燙過後用於生切片及醋漬沙拉中，章魚也可用於火鍋，尤其是關東煮，還可將章魚以其墨汁浸泡後製成下酒菜。在日本商店的賣魚專櫃還可以買到加工過的章魚腕足。

生切片和壽司的章魚處理法

1.將一條重約675公克的章魚洗淨，頭部及腕足分開，將頭部扔掉或留下用於其他菜餚。

2.在一大鍋中放入足量的水煮沸，再加入半顆檸檬、1小匙鹽與章魚再度煮沸。

3.將章魚以中火烹煮5-6分鐘後撈出，再反方向放入沸水中，如此一來章魚的每個部分都接觸到熱水。熄火後瀝乾水分並冷卻。

4.若用來製作生切片或壽司，只需使用腕足部分。將腕足切開，冷藏15分鐘，用一把鋒利的小刀斜著將其切成5公釐厚的環形。

大文蛤與淺蜊為日本料理中使用的眾多貝類中的兩種。

帆立貝（扇貝）

帆立貝因其大小和魚肉般的質地，而成為用處很多的貝類。在日本，帆立貝有西方最為常見的帆立貝、板屋貝、月日貝及緋扇貝等種類，都是製作生切片及壽司不可缺少的食材，還可用來製作醋漬沙拉、加鹽烘烤、煨燉、煎或燉湯。帆立貝肉周圍薄薄似帶子的部位及紅色內臟部位也不能浪費，可用來燉湯。貝柱在亞洲式超市及大型商店均可購得。

清酒浸泡後再蒸製的干貝會更加柔軟、更易於處理，此外這個過程還可使干貝產生一種特別的口味。

蛤蜊

蛤類是日本最早食用的食物之一，至今仍是很重要的食材，這點由史前時代的定居點挖掘出的貝殼殘骸中獲得證明。用於日本料理的貝類包括赤貝（海蚶）、淺蜊（菲律賓蛤）、鳥貝（鳥蛤）、馬鹿貝（青柳貝）與北寄貝，這些均可用於製作生切片、壽司與其他烹調法製成的菜餚。文蛤是其中最普遍的一種，產季從冬季到早春，可帶殼烘烤、蒸煮及在湯中煨燉，有時去殼後配飯食用或放在火鍋中。貝類在烹調前應浸泡在鹽水中直至沙子完全排出，市售有新鮮、乾燥或罐裝貝類食品。

牡蠣

在日本可購得太平洋牡蠣，但種類很少，最普遍的大型牡蠣是橢圓形的太平洋牡蠣，長8公分，寬5公分，與歐洲圓形牡蠣形成鮮明對比。這種牡蠣一年四季都可購得，但11–3月其味道最為鮮美。

日本的牡蠣吃法是以柑橘類醬油為沾醬生吃，炸牡蠣（牡蠣裹麵包粉後油炸）也是日本料理中的特殊料理。牡蠣還可煮清湯，放在火鍋中或與米飯一同烹煮。此外牡蠣可能導致食物中毒，所以生吃時一定要保證其極為新鮮，應向較有信譽的水產商購買新鮮牡蠣。

↑牡蠣，太平洋牡蠣

依順時針方向，從左上角起為：新鮮的鳥蛤、北寄貝、鳥蛤及赤貝。

魚卵

日本人食用魚的每個部位，尤其魚卵被視爲一種美食。因魚卵通常以大量的鹽醃漬保存，所以搭配米飯食用味道極好，它還是常用的壽司食材，也可作爲開胃菜。

鱈子（鹽漬鱈魚卵巢）

在日式超市的賣魚專櫃都可買到鱈子，通常是成對出售，可簡單烘烤後配米飯一起食用，還可用鹽醃漬或加入紅辣椒製成明太子。鱈子常以蔬菜汁染成淡紅色，如此看來更爲誘人，亦可製成海苔捲壽司及其它開胃菜。

いくら（鮭魚子）

在俄羅斯，所有種類的魚卵都統稱爲「いくら」，而在日本いくら卻專指「鮭魚子」。鮭魚子通常是以鹽醃漬，所以保存期限較短，一般用來製作壽司或與蘿蔔泥及醬油一起食用，還可做成開胃菜。在超市可以很容易買到罐裝鮭魚子，完整的鮭魚卵巢經鹽醃漬後製成只能在日本購得的「筋子」。

數の子（鹽漬鯡魚卵巢）

經鹽醃漬後乾燥的鯡魚卵巢被稱爲數の子，這種魚子以前很常見，而現在卻變得極爲稀有，因此也成爲一道珍饈美味。在料理數の子前需將其在水中浸泡一夜以去掉鹽分，食用時通常佐以少許醬油及柴魚片。這是新年御節料理的主要菜餚之一，也可用來製作壽司。很難在日本以外買到數の子，但在一般壽司店的菜單上都能見到。

↑數の子（經鹽醃漬後乾燥的鯡魚卵巢）

↑海膽（日本海膽的卵巢）

海膽

日本海膽又被稱作「海膽」，是種顏色較深、又長又尖的圓形海洋生物。不同種類的海膽大小不一，有直徑3-4公分的，也有直徑10公分的。海膽的可食用部分爲其卵巢，新鮮海膽常用來置於軍艦壽司上或做成開胃菜，也可加工成覆蓋其他海鮮如魷魚的金黃色外衣，還可以烘烤後做爲其他甲殼類食物的調味品，也可買到經鹽醃漬的海膽。

事前準備和烹煮技巧

購買海膽時要挑選脊狀突起且堅實，其口器（在下方）緊閉著的。打開海膽時要戴上手套，以專用小刀或鋒利的剪刀，從口器周圍的軟組織插入刀尖，直切到頂部使卵巢露出。或是像水煮蛋般切下海膽頂部（亦可不切），挖出卵巢部分即可。口器及內臟不能食用需丟棄，但其中豐富的汁液可留下做調味品。

→鮭魚子

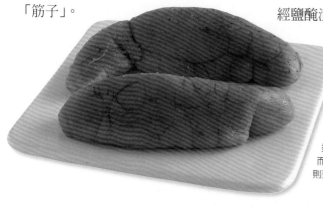

←鱈魚卵巢經常被染成淡紅色（前者），而以辣椒醃漬的其紅色則更深些（後者）。

魚類加工製品

大量的魚類加工製品被用於日本料理中，西方也可以買到某些新鮮或冷凍的加工品。它們使用方便，是很實用的家庭料理用調味品。以下介紹幾種魚類加工製品，在大型日式超市中很容易買到。

鰹節（柴魚）

將鰹魚整條烹煮後乾燥製成魚乾就是柴魚，使用時要一些一些地刨下。以前刨柴魚是家庭主婦早上起床後要做的第一件事。而今隨處可見不同等級包裝的削り節或花鰹。柴魚是製作高湯的主要原料，也可撒在蔬菜或魚類等菜餚上增添另一種風味。將柴魚與醬油混合，是搭配熱米飯的極佳配菜，還可用來填入飯糰。

烹調法

柴魚片可撒在高湯燙過的菠菜或洋蔥上，再淋上醬油就成為美味的下酒菜。還有另一種吃法是混合柴魚與醬油，淋在熱米飯上或填入飯糰。

可以很容易買到各種大小及等級的柴魚片。

自製柴魚高湯

だし是魚類高湯，是日本料理中最常用的材料，此道高湯可用來煮湯底，尤其是清湯；稀釋高湯則可用來燉蔬菜、肉類及魚類。

可製作四碗高湯

材料：
　水600ml
　標準大小昆布10公分
　柴魚片20公克

1.在一平底鍋中倒水，加入昆布浸泡一小時。

2.以中火加熱，不蓋鍋蓋煮至水將沸騰時，撈出昆布留待煮稀釋高湯時使用，再度把水煮至沸騰。

3.加入50ml冷水後立即加入柴魚片，當水再度沸騰後離火，切勿攪動，待柴魚片沉澱到鍋底。

4.以細濾網過濾湯汁，如此便完成柴魚高湯，留下柴魚片用來製作稀釋高湯。

製作稀釋高湯

可製作600ml高湯

材料：
　製作柴魚高湯時留下的昆布及柴魚片
　水600ml
　柴魚片15公克

1.將製作柴魚高湯時留下的昆布及柴魚片放入平底鍋中，加水沸騰後煮15分鐘，或煮至湯減少1/3為止。

2.把柴魚片放入鍋中後立即離火，除去表面浮沫後放置10分鐘，濾掉柴魚片。

烹調小技巧

● 可依個人喜好選擇經冷凍乾燥的高湯粉製作速成高湯。
● 高湯可冷凍。

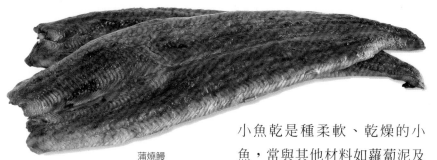

蒲燒鰻

煮干

這種堅硬而乾燥的沙丁魚常用來製作味道濃郁的高湯，相對於口味清淡的柴魚片，煮干經過5分鐘的烹煮便能使其味道全部散發出來而成爲香濃的高湯。因此煮干高湯可用來煮濃湯，如味噌湯或加入蕎麥麵及烏龍麵的湯。

蒲燒鰻

烤鰻魚的做法是將鰻魚肉蒸過後，淋上濃稠的甜醬油後再烘烤。如此製成的魚肉肉質柔軟，無論賣相或口味都不太像鰻魚。若將其放在熱米飯上，再撒上些七味粉或山椒粉一起食用，極其美味。市場上可以買到冷凍及眞空包裝的蒲燒鰻，開袋即可食用。

鱈魚乾

這種乾燥的鱈魚肉片可經烘烤後撕成小片，配米飯食用；還可作爲零食，在喝酒時食用，可買到袋裝產品。

白子干し（小魚乾）

小的白色沙丁魚苗又稱爲白子，可用來製作多種乾貨。

小魚乾是種柔軟、乾燥的小魚，常與其他材料如蘿蔔泥及醬油一起食用，與熱米飯搭配味道極好，還可作爲開胃菜或包在飯糰中。在日本以外地區很難買到小魚乾。

目刺し

目刺し意爲穿眼魚，是用一根草從沙丁魚眼睛穿過後成串曬至半乾，通常一串有4-6條魚。經稍微烘烤後可搭配米飯食用或作爲喝清酒時的下酒菜。整條沙丁魚包括頭部、骨頭、尾巴及腸子均可食用，具有很高的營養價值，富含蛋白質及鈣質，作爲日常食品物美價廉。目刺し的外表有著強烈的視覺衝擊，其口味對於西方人來說也是前所未聞，可在大型的亞洲食品店買到。

柳葉魚

這種身長10-15公分，小而窄的粉紅色銀魚在北太平洋及大西洋都很少見。柳葉魚在日本被視爲搭配清酒的美食之一，尤其是帶卵的柳葉魚，其價格也會稍微昂貴些。

たたみ鰯（沙丁魚串）

たたみ鰯是將小的沙丁魚苗串在一起曬乾，看來很像海苔片。稍微烘烤後便可上桌，是喝酒時極佳的下酒菜，還可與熱米飯一起食用。たたみ鰯有種很淡的甜味，口味濃厚，很難在日本國外買到。

吻仔魚

吻仔魚是關西（大阪及其周邊地區）特產，是乾燥魚苗（小的白色沙丁魚苗）的另一種形式，烹調時常以醬油作爲調味品，通常配熱米飯及茶泡飯一起食用。經醬油調味的吻仔魚很鹹，可買到袋裝成品。

田作（小魚乾）

在小平底鍋中將小沙丁魚稍經烘烤後便可作爲下酒菜或零食，有種與眾不同的鮮味。在新年期間，將小沙丁魚裹上一層糖，作爲可口的御節料理，它不單是美味，還有豐富的營養，富含對身體有益的鈣質，尤其對成長中的孩子很有益。小沙丁魚是另一種在日本以外可購得的魚類加工製品。

柳葉魚被視爲一種美味佳餚，爲方便處理，通常將銀魚排在一起放在竹片上曬乾後烘烤。

魚漿製品

日本料理中使用大量的魚漿製品，以下介紹幾種最爲常見的產品。日本的食品市場出售的多是冷凍產品，也是關東煮（在高湯中煮魚板及蔬菜）的重要食材。

各種魚漿製品，從左至右依順時針方向分別為：竹輪、鳴門卷き、薩摩揚げ及半片。

かまぼこ（魚板）

在白色魚漿中加入黏合劑做成各種形狀、大小後，經蒸煮或烘烤便可製成魚板。標準產品稱作いたかまぼこ，是一塊4-5公分厚，15公分長的魚板，通常黏在木板上。其外部可染成粉紅色，食用時切片佐以醬油和山葵作下酒菜，也可加入湯、火鍋或與麵條烹煮。

薩摩揚

這種炸魚板通常爲橢圓形，大小約爲7.5×5公分。使用前要淋熱水以除去油脂，可與醬油一起食用或輕微烘烤，也可在湯及火鍋中與蔬菜一同煨燉，或與麵條一起烹煮。炸魚板有不同的大小及顏色，還有加餡或捲起的。烏賊捲便是加烏賊的炸魚板捲，牛蒡捲則是加入牛蒡。這兩種產品與薩摩揚げ都是很受歡迎的關東煮食材，在日式與其他亞洲式超市都可買到冷凍產品。

竹輪

將魚漿固定在小棍子周圍使其成型，經蒸煮、烘烤後，抽去小棍子便製成竹輪，此產品約15公分長，中間的洞也是此長度。其外皮經烘烤形成誘人的棕黃色，表面凹凸不平。可切片後直接食用或與蔬菜一同煨燉，或作爲火鍋料。

鳴門卷き

是種內部有粉紅色捲曲圖案的魚板，是拉麵常見的食材，還可加入烏龍麵或湯中。

半片

半片是將鯊魚漿與山藥泥及蛋白混合成7-8公分寬、1公分厚的方形魚板後，再經烹煮製成。其口感清淡柔軟，可烘烤後搭配醬油及山葵一起食用，還可作爲火鍋或湯的食材。

しんじょ

日本有很多種類的魚丸，包括湯葉しんじょ（魚丸外裹上油豆腐皮），以及各種顏色的裝飾用花形魚丸，可在日本的食品店買到。

つみれ（魚丸）

這種灰色魚丸是用紅色魚肉如沙丁魚及鯖魚製成的，質地緊實且柔軟，呈扁平的碟狀，其中間爲空心，所以加熱速度快且均勻。魚丸可用來煮湯、關東煮或火鍋，可買到冷凍產品。

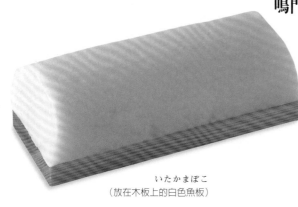

いたかまぼこ
（放在木板上的白色魚板）

肉類

日本曾禁食肉類多年，第一次是佛教的緣故，第二次則是幕府至1868年解禁，為期300年之久。但一些野味如山豬、野兔與山禽卻一直為個別族群所食用，直到二戰後，以牛、豬、雞為主的肉類才成為日常飲食的一部分。儘管如此，對於肉類的食用也有所節制，一般切成肉片、肉末或絞肉與蔬菜一起烹煮。

牛肉

和牛（日本牛）共分為四種：黑牛、紅棕牛、無角牛及短角牛，其中黑牛是最為常見的。松阪牛也叫神戶牛，與近江牛及米澤牛是品質最高級的三種牛。在飼養期間，以啤酒替牛按摩使其脂肪分解，瘦肉也會變得更加軟嫩，且和牛的肉色為粉紅色而不是紅色。在日本，養牛是勞動密集型產業，致使牛肉價格也極其昂貴。西方世界無法購得和牛肉，所以可用牛的上腰部肉代替。在烹調壽喜燒或涮涮鍋時需用幾乎透明的牛肉片，這時可以選擇牛腿上不帶骨的大塊肉或牛的上腰部肉。若選擇牛腿肉則要將其去掉所有肥肉後，切成4-5公分厚的橢圓形肉片，冷凍2-3小時後再冷藏1小時使其處於半解凍狀態，再切成像紙一樣薄的橢圓形肉片。可以直接購買已切好的壽喜鍋牛肉，可視個人需要去掉多餘肥肉。

仔細切成薄片的涮涮鍋與壽喜燒用牛肉片。

↑薄豬肉片

雞肉有許多用途，如絞碎做成雞肉丸子、串起做成照燒雞肉或將腿肉做成烤肉。

豬肉

人們從遠古時代便已食用豬肉，即使是在禁止吃肉的年代也沒有停止，一直延續到今日，豬肉仍然很受歡迎。可將豬肉切成薄片後以平底鍋油煎，配上新鮮薑末及醬油一起食用，或將豬肉片加入蔬菜中增添風味。經長時間燉煮的豬肉還可加入拉麵，味道極佳。

雞肉

各地自產雞肉稱作地雞，在日本很受歡迎，此外還有大量供烘烤的小品種。地雞之一的名古屋コーチン肉質厚實，呈粉紅色，略帶金黃。切碎的雞肉常用來製作肉丸或醬汁，加入蔬菜中則可增添風味。日式烤雞肉串的做法是將雞肉塊串在竹籤上，加甜味醬後烘烤。將去骨雞腿肉以照燒醬浸泡後烘烤，是野餐烤肉的佳餚。雞肉亦可作為火鍋料。

調味品及醬汁

醬油和味噌是日本料理中兩種最古老也是最重要的調味品，其濃郁而獨特的味道使它們更適合做沾醬或烹調時的調味品，而非最後淋在食物表面的醬汁。這兩種調味品還具有防腐功效，可用以浸泡生魚、生肉與蔬菜等。

現今日本市場可買到特定菜餚（如壽喜燒及燒肉）專用沾醬，如日本醋和味醂，這兩種調味品都是以米製成的。

在使用從中國引進的新技術後，日本很快便發展出由黃豆、小麥與鹽製成具特色的醬油。首先在一種活躍菌種的幫助下，將黃豆及小麥混合物製成麴後，再加入鹽和水放置一年使其慢慢發酵。之後將混合物壓榨後使其產生液體並留待加工。如今可很容易在超市購得醬油，但日式醬油無論在香氣或口味都與中國醬油不同。

生魚片、醬菜及其它各種菜餚的沾醬。溜り醬油是種顏色很深的醬油，常被加入醬汁，適合不食用含小麥食品的人們。

淡口醬油及濃口醬油。淡口醬油（左）用在清湯的調味；濃口醬油（後上）用於燉菜。

醬油

古日本的調味品「醬」含有當時很稀有、珍貴的鹽，這種鹽是由動物或植物蛋白與纖維發酵而成。穀醬是由穀物如稻米、小麥與黃豆發酵而成，最終發展成今日的味醂，而發酵過程中產生的液體則成為今日的醬油。（現在大家食用的壽司也被認為是由古代的魚醬所衍生的，當時的魚醬是由生魚、鹽及米共同發酵製成。）

淡口醬油（右）的顏色比普通醬油（左）淡，但味道卻更鹹。

香味與滋味

近期研究發現，鹽類食品可能導致心臟病，故日式醬油已不較原先鹹，但還是相對較鹹。日式醬油分為淡口醬油（顏色淡的）和濃口醬油（顏色深的）兩種。淡口醬油用途多元，較濃口醬油清澈、微鹹，而濃口醬油是調製照燒醬的專用醬汁。醬油等級取決於黃豆的等級，而黃豆則依價格分類。以黃豆製成的溜り醬油，過程中沒有加入小麥，故與味噌製作時產生的液體相似。

烹調法

醬油是日本料理最重要的調味品，幾乎用於每道料理。若只加入一滴，其他食材並不會被染色，且這稱做隱し味（隱藏的味道）。醬油本身不需加入調味品，即可作為壽司、

烹煮技巧

為避免其他食材染色，多在烹調將結束時加入醬油，但長時間燉煮的燉菜除外。製作沾醬時，要注意醬油用量，在小醬油碟中只能加入1-2大匙醬油。食用壽司時，若以大碗盛裝醬油會沾得過多，使口味過鹹，或食用完畢後剩下許多醬油，故需注意倒出的量。

存放

所有量產醬油均經殺菌並添加防腐劑，瓶裝醬油除天然或有機製成外，均可長期保存，但醬油的味道會變差，故拆封後需在三個月內使用完畢。天然不加防腐劑的醬油需冷藏，若醬油表面形成薄膜，則將其過濾丟棄，雖無害但也切勿食用。

味噌

　　儘管生活方式迅速轉變，但對許多日本人來說，每天還是得由早餐的味噌湯開始。味噌是日本最古老的傳統食材之一，12世紀便已出現，其源頭可追溯到醬——由鹽、穀物與黃豆共同發酵而成的防腐劑。而今日味噌的製作法是將煮熟黃豆碾碎後，與麴——由小麥、稻米、大麥或黃豆共同萃取的培養菌，混合發酵三年。

　　在超市可看到所有種類與品牌的味噌，即使在日本國外也可買到。可依味噌口味與顏色分為米味噌（白色，口味清淡，由稻米製成）、麥味噌（紅色，口味適中，由大麥製成）及豆味噌（黑色，口味強烈，由黃豆製成）三大類。

香味與滋味

　　味噌很鹹且有強烈的黃豆發酵味，米味噌是味道最淡的，麥味噌味道適中而豆味噌的味道最強烈。基於健康考量，還有些不太鹹的味噌。

左上角起依順時針方向分別為：麥味噌、米味噌、八丁味噌與豆味噌。

烹調法

　　味噌是種用途很多的調味品，可加高湯稀釋做成味噌湯包括煮味噌拉麵的湯，也可作為調味品加入燉菜或做成沾醬，還可用來醃漬肉品及魚類。米味噌（白味噌）是京都特產，所以常被稱作西京味噌，尤其適用於煮湯、調味及醃漬食物。信州（位於日本中部）及仙台（東北部城市）皆因出產味噌而聞名，有淡味的味噌和口味適中的味噌。麥味噌（紅味噌）適合煮湯及醃漬肉品。八丁味噌是最好的一種豆味噌，味道很重也很鹹，適合做沾醬及煮湯，時常與另一種口味清淡的味噌混合使用。

烹煮技巧

　　如果烹調時間過長，味噌便會失去本身鮮美的口味，所以在烹調過程中要最後加入。煮湯時味噌要少用，先以少許湯將其稀釋後再倒回湯中，試過味道後再視需要調整用量。

存放

　　將味噌放在密封罐中冷藏，可長時間保存，但其味道會逐漸變差。

味噌醃平魚或肉排

　　用在此料理的魚類是如歐鰈和大比目魚等種類的平魚，醃漬魚肉所用的味噌是白色的米味噌。

1. 在一個大盤子中平鋪一層薄薄的米味噌（若醃漬肉品，則使用麥味噌），並蓋上一張廚房紙巾輕壓，使味噌被紙吸收。

2. 將魚片（肉朝下）或肉放在紙上，再蓋上另一張紙。

3. 紙上再鋪一層薄薄的味噌，用一把小刀將其壓實使其能覆蓋魚片或肉，魚需醃3小時、肉則需醃一夜。

4. 移開味噌，烘烤醃好的魚片或肉即可。

107

市售沾醬

近年發展出許多種可直接使用的調味品，也使得日本料理變得更加簡易，以下介紹的即食調味品均可在西方購得。

麵沾醬

是以高湯爲基底的濃縮調味品，主要用於蕎麥麵及烏龍麵。以高湯、醬油、鹽、糖與其他材料製成，可作爲沾醬或加入麵湯。包裝會註明煮蕎麥麵、麵線或烏龍麵與蕎麥麵湯時要加的水量，通常沾醬的稀釋比例是1：1；湯則是1：8，麵沾醬需冷藏保存。

炸豬排沾醬

炸豬排是日本最受歡迎的菜餚之一，這種味道濃厚，呈棕色的炸豬排醬無疑是最理想的搭配，食用時還可再配上高麗菜絲與山葵。該醬汁由水果、香辛料與調味品製成，在家也可自行搭配出適合自己口味的炸豬排醬，方法很簡單：只需將水果味醬汁如番茄醬及烏醋混合即可。

天婦羅沾醬

這種沾醬是以高湯、醬油、味酥及調味品製成，是天婦羅專用沾醬。天婦羅沾醬在使用時多不稀釋，但會搭配少許白蘿蔔泥及薑末。

燒肉沾醬

這種日式燒肉沾醬是由醬油、香辛料及其它多種調味品製成，與西式烤肉醬汁相比更甜些，還可用於烘烤食物中。

壽喜燒醬

是種用於壽喜燒的甜醬汁，以高湯、糖、清酒與其它調味品製成，壽喜燒的烹調程序是以平底鍋油煎牛肉薄片後加入壽喜燒醬，再加些蔬菜。

市售日式調味品種類繁多，其中包括（左起）：炸豬排沾醬、壽喜燒醬、麵沾醬、酸桔醋、麵線沾醬與燒肉沾醬。

自製簡易醬汁

大多數日本家庭中都備有多種的調味品，可自行搭配使用。

元醬：這種調味汁可替味道清淡的食品如白魚增添味道，同時也可爲如鮭魚般口味濃重的食物加強味道。將5份味酥、3份醬油倒入2份清酒及2份檸檬汁中。在煎煮或烘烤前把魚浸泡到該醬汁中至少15分鐘。

炸豬排沾醬：該沾醬與炸豬排搭配極爲美味。做法是將1份烏醋與5份番茄醬混合，將豬肉片裹上麵糊（麵粉與雞蛋混合）後油炸，並沾醬食用。

酸桔醋

酸桔醋是由柑橘類果汁、醋及其它調味品混合製成，一般與醬油及香辛料搭配，於吃火鍋時沾食。

咖哩塊

日本是19世紀中葉第一個引進咖哩的國家，但不是從印度直接引進而是透過英國，因當時該國家調製並出口咖哩粉，從此咖哩成為日本最受歡迎的日常料理之一。日本這個引入多種材料的國家，將咖哩粉發展成速食咖哩塊，方法是將所需材料如香草、香辛料、水果、高湯、醬汁與調味品混合。

咖哩變成軟塊狀，以塑膠托盤盛裝看起來很像巧克力棒，而你所需的便是將新鮮食材如肉或甲殼類、馬鈴薯、洋蔥及胡蘿蔔放入鍋中烹煮後，再加入些咖哩塊。依辣味程度不同，咖哩塊分為甜味、中辣、辣味與極辣；還有一種分類是分為煮肉與煮魚時使用。

平均一袋內有12塊咖哩塊，記住！日本料理的份量都很少，但一塊咖哩塊已足夠6-8個成人食用。日式咖哩很甜，即使是很辣的也是如此，且其中含有味精，食用後會使人口渴，若對其味道不是很確定則減少用量。

在日式超市中有多種包裝的咖哩塊，看來很像巧克力棒，且視辣味程度分為甜味、中辣、辣味與極辣。

自製日式咖哩

使用咖哩塊可在30分鐘內完成一道美味豐盛的咖哩。

4人份
材料：

洋蔥2顆（切成薄片）
蔬菜油2大匙
去殼蝦或其他肉類500公克（切成小塊）
胡蘿蔔1條（去皮切丁）
馬鈴薯1-2顆（去皮切塊）
水750ml
咖哩塊125公克
醬油或烏醋1-2大匙（隨意）
米飯備用

1. 在一個深平底鍋中倒入蔬菜油，以大火炒洋蔥直到略微變成棕色，加入蝦或肉繼續炒1-2分鐘。

2. 加入胡蘿蔔及馬鈴薯再炒1-2分鐘，加水烹煮，並以小火煨燉5-10分鐘，若燉肉則可視情況增加時間，直到蝦或肉及蔬菜煮熟。

3. 鍋子離火，加入剝成小塊的咖哩塊並不停攪動，使所有咖哩塊都融入湯中，再以中火加熱慢慢燉煮5分鐘，期間需不時攪動直到變稠。

4. 要將咖哩的甜味略微減少可加入醬油或烏醋。搭配熱飯一起食用。

醋與味醂

與醬油、味噌不同，日本的醋及味醂的味道清淡，可替日本料理增添微妙口味。這兩種調味品皆以米製成。

米醋

除標明的純米醋外，大多數被稱作醋或穀物醋的醋中，除稻米外還含有其他穀物。若製作1公升的醋，其所使用的稻米少於40公克就叫做穀物醋。有種更便宜的合成醋，含約60%釀造及人工合成的醋。在日式超市都可以買到米醋、其他種類的醋及醋產品。

香味與滋味

日本的米醋有清淡的甜香味，不如一般酒醋味道強烈。

烹調法

醋的用途很多，可去鹹味、具殺菌作用，更是蛋白質凝結劑，可防止食物褪色、清洗食物表面黏稠物以及軟化小魚骨。所以說，醋從準備工作到調味都能起作用。由醋加工的菜餚種類很多如黃瓜及海帶芽沙拉、醋漬生魚及搭配壽司的醃薑等。

烹煮技巧

日本醋清淡的酸味會迅速消失，所以在烹調熱菜時一定要最後才加醋。

味醂

味醂是種有著琥珀色，甜味很重，只在烹調時使用的清酒，是以日本最古老的清酒之一——燒酎製成。具體方法是將燒酎、蒸好的黏稠稻米與麴混合，經蒸餾提煉、壓榨使其產生液體再過濾。市面上還可買到叫做味醂風調味料的便宜合成品。與本味醂（純正味醂）不同，本味醂含14%的味醂，而味醂風調味料中僅有1%。這兩種產品在亞洲式超市中都可買到，多是300ml及600ml規格的瓶裝產品。

烹調法

味醂有著淡淡的清酒味與糖漿般的質地，不僅使食物增添甜味，還多了誘人的亮色及輕微的酒香味。這種調味品多用在燉菜中或添色用醬汁如甜醬（用於日式串燒），還可用在味醂干し（塗上味醂的魚乾），也可將白蘿蔔以味醂醃漬。

烹煮技巧

在烹調程序將結束時加入味醂可增添清淡的甜味，並使口味更濃郁。但這並不代表味醂是甜味劑，可視需要在1大匙味醂中加1小匙的糖。

存放

將醋及味醂置於陰涼處，避免陽光直射則可長時間保存。醋的味道會逐漸變差，所以一旦拆封應儘快食用完畢。味醂一旦開瓶，便會在瓶蓋周圍形成一種白色、類似糖的物質，這是味醂蒸發後的殘餘物，這種物質雖無害但為保持瓶子乾淨，最好在有效期限內食用完畢，因其口味會逐漸變差且會在數月後發黴。

米醋及穀物醋

在購買味醂時，要挑選本味醂（左）而非味醂風調味料（右）——一種便宜的仿製品。

調味包

日本人為搭配米飯發展出很多種調味包,被稱作佃煮。

佃煮

許多種類的食物如昆布、香菇、松茸、鯡魚乾、蚌殼類、牛肉甚至鯨魚肉都可製成佃煮。其中以昆布最受歡迎,將其切成小塊與醬油長時間燉煮,有時還與其他食材如香菇、松茸及魚肉一同烹煮。佃煮很鹹,很適合配熱米飯。包含各種佃煮的禮盒在每年中元及年末傳統贈禮時節很受歡迎,在日式超市一年四季都可以買到成袋包裝的昆布佃煮。

各式各樣的香鬆(海鮮及蔬菜粒)。

茶泡飯調味包(用於加工剩飯的調味品)。

香鬆

香鬆很受歡迎,包括各式各樣魚類及蔬菜的粒狀萃取物,食用時撒在熱米飯上,還可以用來製作飯糰,既可與米飯混合也可單獨做餡,在日式超市可以買到各種袋裝及罐裝的香鬆。

茶泡飯調味包

日本人最喜歡的剩飯利用法就是倒入開水,再加些調味品。市售的茶泡飯調味包種類很多,包括鹹鮭魚、鱈魚卵、梅干與海苔都是個別包裝。

壽司調理包

這是種袋裝或罐裝已加工的散壽司(什錦壽司)原料,使用時只需將包裝內的物品撒在米飯上,袋內還有用於點綴的海苔片,該調理包因含味精而具甜味。

壽司調理包

醬菜

對日本人來說，米飯和漬物（醬菜）從古至今便是很好的搭配。醃菜也叫做御新香，其種類繁多、醃漬方法各異，每個地區都有其特色醬菜。在日本每家百貨公司食品街，都擺放著各式各樣的新鮮醬菜，一桶接著一桶，購買前都可以品嘗。日本人製作醬菜不以醋做佐料，而使用米糠、味噌、清酒、味醂、山葵、麴或醬油及鹽。用鹽醃漬可除去硬蔬菜的粗糙感，使菜變得柔軟、易消化且利於保存。蔬菜經醃漬後其口感會更為濃郁，營養價值也有所增加。以下介紹的是幾種常見醬菜，在日式超市都可以買到其袋裝產品。

澤庵（醃蘿蔔）

將剛採收的新鮮白蘿蔔掛起晾2-3週，鹽漬後加入米糠及鹽醃漬，2-3個月後便製成口感清脆，味道鮮美的黃色醃蘿蔔。據說這種醬菜是由17世紀一位叫做澤庵的僧侶所發明而得名。醃蘿蔔的味道以鹹味為主，略帶甜味，極適合與熱米飯搭配，它還是海苔捲壽司與其他菜餚的常用食材。大多數醃蘿蔔在加工過程中都加入黃色的食品添加劑，所以在挑選天然醃蘿蔔時，要選擇灰白色的且要看清楚標籤。

塩漬け

塩漬け是所有用鹽醃漬的蔬菜總稱，黃瓜、茄子、白蘿蔔、大白菜及山葵葉等都可以作為原料。日本的黃瓜和茄子都比西方品種小很多，但味道更好，所以一定要品嘗一下。

奈良漬け

奈良漬け（用味醂醃漬的白蘿蔔）是日本舊都——奈良的特產，味醂經提煉後留下的液體可用以醃漬各式各樣的蔬菜，而奈良漬け便是其中一種。這種醬菜味道甜美，並帶有淡淡的酒味，適合配飯。

塩漬け（用鹽醃漬的蔬菜）包括各種蔬菜，從左起分別為茄子、蘿蔔和黃瓜。

奈良漬け（味醂醃漬的醬菜）

糠漬け（米糠醬菜）

　　是種傳統的醬菜製作法，昔日每戶人家都會存放整桶的米糠味噌（碎米糠，因酷似味噌而得名）。將米糠與溫濃鹽水混合，再將茄子、胡蘿蔔、黃瓜、白蘿蔔、大白菜或蕪菁等蔬菜放入醃漬，即製成隔日即可食用的米糠醬菜。此種加工法使醬菜富甜味，口味濃郁，氣味也更強烈。米糠需每日以手攪拌動（不戴手套），日本主婦們曾很樂意被稱為「糠みそ」（有味道的妻子），但今日已少有人願意因味道而得此稱號。醃漬醬菜用米糠可在日式超市購得，袋裝米糠醬菜亦為人們所青睞。

味噌漬け（味噌醬菜）

　　味噌的鹹味及濃郁的口味使其成為製作醬菜的理想調味品，紅或白味噌既可單獨使用，也可與味醂及清酒混合製成味噌糊。魚貝類、家禽與牛肉可以味噌糊醃漬再烘烤，蔬菜醃漬後便可作為醬菜食用。所有清脆的蔬菜都可以味噌醃漬，而牛蒡可能是最適合的一種，在日式超市中可以直接買到袋裝的醃漬牛蒡醬菜。

辣韭

　　要製作辣韭需先將辣韭用鹽醃漬後，在加入大量糖的醋中浸泡，依據傳統這種醬菜常與咖哩搭配。

醃蕪菁花的製作法

　　可將這種漂亮的小花作為開胃菜或壽司的裝飾。

1.將5顆小蕪菁修剪乾淨並削皮，在砧板上放置一雙筷子，將小蕪菁逐個放在筷子中間。手拿鋒利的小刀與筷子垂直下刀，直到切到筷子，且各刀需平行。

2.將蕪菁轉90°，再以相同方法切下數刀。

3.其他4顆小蕪菁以相同方法切過後，將它們放到一個大碗裡，並撒上1小匙鹽，輕輕摩擦使其吸收，在碗上蓋一個小盤子再壓上重物放置30分鐘。

4.在另一個較深的碗中加入250ml米醋與150ml糖，攪拌至糖完全溶解。將蕪菁水分瀝乾再倒入糖醋浸泡一夜直到蕪菁變軟。

米糠醬菜的製作法

　　米糠醬菜是種傳統的醬菜製作法，可用的蔬菜有胡蘿蔔、白蘿蔔及黃瓜，是日本老年人喜愛的食品之一。

1.依米糠的包裝說明，在鍋中加入鹽和水煮至沸騰，比例約為3份米糠、1份鹽及2.5份的水。

2.大碗中放入米糠後加入鹽水攪拌均勻，將其密封或將米糠移到密封容器中，放置5天且每天均勻攪拌1-2次。

3.洗淨蔬菜（較大的蔬菜要切成小塊）塞入米糠糊中，較軟的蔬菜經24小時便可醃漬完成，而稍硬的如白蘿蔔則需醃漬2天。此期間可透過加鹽或米糠調整鹹度，每天都要攪動米糠糊，即使其中沒有醃漬任何東西，如此米糠糊才可永久使用。

麵包與吐司

麵包最早是由葡萄牙人於16世紀引入日本，但直到二戰後才成為大眾飲食的一部分。近幾年，麵包尤其受日本人歡迎，儘管米飯仍是最常食用的主食，但麵包已佔據很多家庭的早餐餐桌。現在的年輕人喜歡容易製作的三明治勝於精心製作的沈重午餐飯盒，且日本人已發展出其獨特的麵包與小圓麵包。現在日本山崎屋的產品已經銷售至海外，以下介紹幾種很受歡迎的麵包。

吐司

日本的普通麵包分為方形麵包與英式麵包兩種。日式麵包很軟，含較多水分，有輕微甜味及淡淡的香味，無論口味或質地都頗似英國的牛奶麵包，但日本的吐司卻更為柔軟。與純正英國麵包不同的是，日式英國麵包的膨脹形狀更為誇張，也極漂亮。吐司多是整條或切成半條出售，每半條切成6或8厚片。為保持吐司的柔軟，應存放在玻璃紙袋中，在2-3天內食用完畢或在冰箱中冷藏5天。

葡萄麵包

葡萄麵包多整個出售，每個約重500公克，味道很甜，質地較厚實，但仍不及西方的葡萄麵包。此麵包需在購買後2-3天內食用完畢，或包裝好放在冰箱冷藏至久5天，在日式超市都能買到。

コッペパン

コッペパン很柔軟，其大小不一，通常是20-25公分長，7.5-8公分寬，略帶甜味。koppe一詞據說是由德語的kuppe演變而來，意為「峰頂」。在日本コッペパン通常作為學校午餐，應在1-2天內食用完畢或於冰箱中冷藏至多4天。コッペパン通常無法在日本以外地區買到。

紅豆麵包

在日本一種形狀圓圓，直徑約為7-10公分，內餡有甜紅豆泥的麵包被稱作紅豆麵包。通常分為兩種：粗製紅豆麵包及精製紅豆麵包，前者的紅豆餡由未去殼紅豆製成，而後者的紅豆餡則是由去殼紅豆製成。粗製的紅豆麵包一般表面會撒上芝麻用以與其他麵包區分。結合西方與日本的紅豆麵包製成質地厚實、口味濃厚頗似蛋糕的麵包，這一做法看似奇怪，但日本年輕人與一些老年人卻把它視作特別鍾愛的點心。紅豆麵包出爐後應儘早食用但也可存放數天，在亞洲式商店都能購得。

紅豆麵包（夾有紅豆餡的小圓麵包）。

吐司是日式的傳統英國麵包，可以買到整條或切片的。

法式小倉麵包

　　法式小倉麵包被日本的麵包師傅視為法國紅豆麵包，其直徑為10公分，厚2公分。與普通紅豆麵包相比，法式小倉麵包更乾些也更像奶油蛋捲，更有嚼勁。其名字來源於京都某座山的名字，粗製紅豆麵包（以未去殼紅豆做內餡）就起源於此。而法式小倉麵包沒有那麼甜，通常在日式超市中與日式紅豆麵包一同出售。

奶油麵包與果醬麵包

　　奶油麵包一般為三角形或橢圓形，內餡為卡士達醬，質地柔軟，口味沒紅豆麵包甜。日式超市都能買到奶油麵包，需在購買當天食用。與之相比，果醬麵包外形更圓，如此即使不剝開麵包也能與奶油麵包區別。

巧克力螺旋麵包

　　這種麵包呈螺旋的角狀，中間填有巧克力奶油，質地厚實，足以包住內餡。它味道很甜，需在購買當天食用，一般在日本以外很難買到。

菠蘿麵包

　　菠蘿麵包呈黃色，質地鬆軟，表面覆有一層薄薄的糖霜。之所以稱為菠蘿麵包是因其顏色及形狀，而與其味道無關。麵包外層是脆脆的口感，裡層較柔軟，氣味香甜，最好在表面仍酥脆時食用，但也可在玻璃紙袋中存放3天。

菠蘿麵包

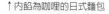
↑內餡為咖哩的日式麵包

咖哩麵包

　　咖哩麵包為橢圓形，內餡為咖哩餡，需經油炸，是所有日式麵包中最具特色的一種，咖哩餡以日式甜咖哩醬製成，還包括如小碎肉、胡蘿蔔、洋蔥與馬鈴薯等材料。因這種麵包經過油炸，故可以存放3天。

紅豆多拿滋（甜甜圈）

　　這種夾有紅豆餡的多拿滋在日本很受歡迎，因經過油炸，故多拿滋比一般日式麵包要乾些。其外表以糖覆蓋，甜味也加倍。

↑卡士達醬內餡的奶油麵包

和菓子

和菓子（日式糕點）本身就是一門藝術，既結合人類對大自然的細微觀察又體現精細的製作工藝，只有日本人才能想出這樣的製作法；花朵、花瓣、植物與鳥類一年四季的造型是和菓子的一大特色。

在日式點心店，和菓子基本上分為三類：生菓子（生且略濕的糕點），以新鮮原料製成，故無法長期保存；半生菓子亦由新鮮原料製成，但在長時間的製作過程中變硬，故可保存數週；干菓子（乾燥糕點且甜），由糖、黃豆粉或果凍製成，可存放數月。生菓子和半生菓子的口感厚實，味道很甜，多由糯米粉、紅豆或其它豆泥、栗子、甘薯與寒天（洋菜）製成。干菓子呈塊狀，由甜豆粉製成，有各種形狀。

和菓子一般不作為點心食用，而是在如下午茶般的茶會時，作為茶點與茶一起食用。因以新鮮原料製成，故很容易變硬、變質，尤其是生菓子。

於正式茶會食用的生菓子稱作主菓子（主要的點心），且多搭配濃茶（濃抹茶），薄茶（淡抹茶）則配干菓子。

和菓子只能在和菓子店購得，但有些受歡迎、銷售佳的種類可在其他地方購得。以下介紹的是日常銷售而非用於茶會的和菓子，可在日式和菓子店及大型超市購得。

草餅（艾草麻糬）

是以糯米製成，夾紅豆餡的點心，在製作過程中加入艾草而成為淡綠色。若製作時加入真正的艾草則會含有植物碎片，並帶有草香及其滋味，然而一般超市出售的是上色的草餅就無此香味與滋味。與大福不同的是，草餅是種能加很多餡的厚麻糬，撒上薄薄一層麵粉或用葉子捲起就能防止黏手。草餅很容易變硬，但因為很厚，故可存放3天。

大福

這是種由糯米製成，夾有甜紅豆餡的樸實點心，一向很受老年人和年輕人歡迎。其製作方法是先將糯米蒸熟後捏成一個個小團，再拉開包上紅豆餡，如此則糯米皮幾乎呈透明狀態。大福很黏手，所以出售時常在其表面裏上薄薄一層麵粉。由於該點心很容易變硬，所以要在3天內食用；也可以買冷凍大福，但要先將其解凍後再食用。

柏餅

這種由糯米製成且裏上橡樹葉的點心，是專在5月5號的兒童節（端午節）食用的點心。柏餅分兩種：一種夾有甜紅豆餡，另一種夾有甜味噌。後者通常為櫻桃粉紅色，用以與前者區分，而這兩種柏餅都以新鮮橡樹葉包起。儘管有些橡樹葉可以食用，但這些包點心的葉片都不能食用。

御萩

將普通米與糯米混合後搗碎製成飯糰，再於其表面包上一層薄薄的甜紅豆，如此便製成御萩。這是種在節日慶典中最常見的和菓子，也可在家裡自己製作。

左邊及中間是生菓子與半生菓子，右邊是團子與包有紅豆餡的團子。

黃綠雙色和菓子製作法

這種雙色和菓子的日文名字是由其製作工法衍生的「茶巾絞り」，在此茶巾意指「袋子般的形狀」，而絞り則意指「做出某種形狀」。

6人份
材料：
蛋黃生料：
　水煮蛋6顆（約中等大小）
　糖50公克
豌豆生料：
　冷凍豌豆200公克
　糖40公克

1.製作蛋黃生料：將水煮蛋去殼切半並挖出蛋黃，在碗上放一濾網並把蛋黃置於濾網上，以木質杓子輕輕擠壓，使蛋黃通過濾網形成碎末，加糖攪拌均勻。

2.製作豌豆生料：豌豆以鹽水煮3-4分鐘至變軟，瀝乾水分後於研缽中以研杵搗碎。

3.將搗碎的豌豆糊放在平底鍋中，加糖以小火加熱直到豌豆糊變稠，加熱過程中要不停攪動以避免燒焦。

4.將豌豆糊放在淺盤中並鋪開，使其儘快冷卻，分別將兩種生料平均分成6份。

5.把一塊細紗布或薄棉布沾濕後擰乾，將一份豌豆糊放在布上，再放上一份等量的蛋黃。把布從頂部擰起，使兩種生料充分混合且頂端呈螺旋狀。將布打開，把製成的點心放在盤中。以相同方法製作其他5份，冷卻後即可上桌。

櫻餅

是以糯米製成且含紅豆餡的點心，唯一不同的是，外皮是由糯米粗碾成的道明寺粉製成，所以櫻餅極為漂亮的表面仍可看到小小的米粒。製作道明寺櫻餅時，會將糯米染成櫻花般的粉紅色，並用煮過的櫻桃葉包裹，以防止過於黏手而不便食用。櫻桃葉本身的甜香與味道平衡了櫻餅的甜味。這種米製點心很容易變硬，所以最好在購買當天食用。

落雁，干菓子的一種，是將黃豆或小麥磨粉，與糖混合製成後，以模型做成小鳥、貝殼與樹木等形狀。

串團子

團子是將3-4顆鵪鶉蛋大小的糯米團以竹棍串起，並塗上紅豆泥或含少許醬油的清淡調味醬。這種飯糰很厚實且不如麻糬黏手，本身沒有味道。表面抹上淡味醬油的團子味道獨特，帶有淡淡甜味。團子也就是糯米球，經常在櫻花綻放的早春四月舉行的賞花宴食用。

銅鑼燒

在兩片薄煎餅中夾上甜紅豆餡便製成銅鑼燒，這是在日本最受歡迎且歷史最悠久的點心之一。使用的薄煎餅有著海綿般的質地與很濃的雞蛋味，因加入楓糖而有一絲絲甜味，這種薄煎餅與甜紅豆餡搭配得很好。銅鑼燒通常在日式超市中出售，糕餅店也可買到，且在家裡也很容易製作。

羊羹

羊羹是半生菓子的一種，呈硬塊狀，內有甜紅豆餡，可以保存數月，有不同口味與口感，但基本上分為兩種：小倉羊羹（由帶顆粒的餡製成）與煉羊羹（由柔滑的餡製成），在日式超市都可以買到。羊羹通常是長塊狀，約鉛筆盒大小，有柑橘口味與抹茶口味，還有混合著甜栗子塊的，是種日本很流行的茶點，可搭配煎茶。

茶

日本人自古就有喝茶的習慣，但茶最初是作草藥用，直到13-14世紀，才成為貴族與武士階級的流行飲品。茶的流行主要是禪宗的傳播，茶會的出現也是受禪宗影響。

中國人與印度人常飲用紅茶，但日本人日常飲用的是綠茶。綠茶所含豐富的維生素B1使得茶本身增添許多風味。剛採摘的茶葉要立即蒸熱，以防止其發酵或變黑，接著

翻動或揉捻後乾燥。茶的優劣一般以其顏色、葉形、茶色與滋味判斷。綠茶忌以沸騰開水沖泡，品質越好的茶越要使用低溫的水。在亞洲式超市能買到幾種日式茶葉，以下視品質優劣介紹幾個種類。

玉露

這種茶被譯為「珠寶般的露珠」，是由早春採摘的嫩葉製成，也是最高級的煎茶。乾

燥後的茶葉為捲曲狀，呈發亮的深綠色。玉露茶應以溫水沖泡，水溫約為60℃，茶葉量不需太多，可單獨飲用也可搭配和菓子。這種茶味道香醇，其品質完全體現於其售價。

煎茶

煎茶

煎茶的字意為「浸泡茶」，品質中等，由質佳的嫩葉製成。當你拜訪日本人家時，通常會喝到這種茶並佐以和菓子。每年夏天出產新茶，其沖泡法與玉露茶相同，但水溫要再高些。

玉露茶，由新鮮嫩葉製成，品質絕佳。

玉露茶的沖泡法

這種方法所沖泡的茶可供4人飲用。

1.將剛煮好的開水倒入急須（茶壺）中，再把水分別倒入四個小茶杯中，冷卻約5分鐘直到溫度降到50-60℃。

2.倒出剩餘的水，加入4小匙玉露茶，把杯裡的溫水重新倒回壺中浸泡2分鐘。

3.茶壺晃動幾次，先於杯中倒入半杯茶再依次倒滿，如此每杯茶的浸泡程度便比較均勻。欲續杯時，可在壺中輕輕加入熱水而不需更換或添加茶葉。

番茶

番茶是種日常飲用的粗製茶葉,由較大片的茶葉與茶梗製成,其茶水呈黃綠色。這種茶最好於用餐時飲用,在日式飯館與辦公室中免費提供。番茶分有不同等級,等級越

依逆時針方向,
左起分別為:焙茶、玄米茶與番茶。

低的番茶含有越多的茶梗及細枝,可用最普通的方法沖泡。

焙茶

焙茶是種烘烤過的番茶,其茶水呈棕色,味道微苦。把番茶放在一乾燥鍋中,以大火加熱3分鐘,期間並不斷攪動即可製成新鮮的焙茶。這種茶葉沖泡後會有煙燻味,替番茶原本的味道增色不少。

玄米茶

玄米茶是番茶與烘烤穀物的混合,因加入穀物而增添了香味及清淡的口味。

抹茶

抹茶是種茶粉,主要用於茶會。將茶葉蒸熱冷以保留其翠綠色與香味。這種茶葉的沖

泡法是以茶筅將茶粉分別攪入盛有熱水的杯中,而非以茶壺沖泡。茶粉的用量很少,每人每份約使用120ml水,1-2小匙抹茶粉。

麥茶

麥茶其實不能算是茶,而只是烘烤過的大麥顆粒。夏天通常喝冰麥茶,其製作法是在一個大鍋中煮沸約2公升水後,加入0.5-1杯的麥粒,可依個人口味不同決定用量,再度煮沸後以小火煮約5-10分鐘,濾掉麥粒並把茶水冷卻裝瓶。

麥茶
烘烤過的大麥,如茶包般可購得袋裝產品。

抹茶粉——
一旦拆封即需冷藏。

抹茶的沖泡法

在飲用抹茶前要吃些和菓子或甜點,如此才最能品味出茶的味道。如果沒有茶筅,可用小叉子代替。

1.大杯子(最好是盛米飯的碗)中倒入熱水使其溫熱,將茶筅先端浸泡在水中,如此才不會被抹茶染色,之後倒掉杯中的水。

2.杯中加入1-2小匙的抹茶粉後,加入120ml熱水。

3.以茶筅微微攪動茶水,再用力攪拌至粉末完全溶解。

酒類

直到近代，清酒與其同類產品才成為日本唯一標誌性的酒類飲品。日本關於酒類最早的記載是在一本寫於西元280年的中文書中，其中寫道：日本人「種植稻米與麻」、「飲用清酒，且邊飲酒邊隨著音樂起舞」。然而長時間以來，清酒被啤酒搶盡風頭，淡啤酒早成為日本人飲酒的首選，此外威士忌與紅酒也越來越受人們歡迎。儘管如此，清酒依舊有著德高望重的地位。在日本國外，清酒、日式料理與其料理法越來越受人們青睞，一些日本產品也很容易購得。

啤酒、威士忌與葡萄酒都是在19世紀末，日本被迫結束鎖國政策後才傳入的，但直到二戰後才開始流行。淡啤酒在日本受歡迎的主因為其漫長、高溫而又潮濕的春夏兩季（在日本人心中，再沒有什麼比一杯冰啤酒更適合抵抗那難熬的天氣），因此日本發展出繁榮的啤酒工業，現在已有許多日本啤酒出口到西方。另一方面，葡萄酒雖然很受歡迎，但它卻無法成為國內自製品，因此葡萄酒產業仍保持其小規模。

清酒

日本人從史前時期便開始飲用清酒，也因此清酒在日本飲食文化發展中具有舉足輕重的地位。然而，在過去一、二十年中，日本人購買其他酒類的量早已成長10倍，且越來越多日本人開始於日常用餐時飲酒。儘管日本人的習慣轉變得很快，但清酒仍在日本料理如懷石料理中佔著無法取代的地位；清酒正逐步成為一種特定場合的飲品，而非日常飲用酒類。據說日本約有2,000個清酒廠，共生產約6,000個品牌的清酒，從大規模的全國知名品牌到小一點的地區品牌。由於每一品牌還有不同種類的產品，所以日本總共銷售著約55,000種不同的清酒。與此同時，地區品牌的規模亦正逐漸壯大。

清酒的釀造

清酒是以稻米製成，而用來製作清酒的稻米比日常食用的硬。製作時，稻米要先除去含脂肪和蛋白質的稻殼，提煉程度（50、60或70%）將決定成品的質量。

稻米泡水後高溫蒸過，冷卻後將其倒入大桶中放置48小時，使其發酵成麴。之後加入更多的蒸米、酵母與水，並攪動使其呈糊狀，再度加入蒸米、麴與水。將其置於一大桶中使其發酵。20天後其酒精含量便可達到18%，榨出其中的液體，經60℃高溫消毒後，倒入釀造容器中使其熟成。

清酒的製作從秋天開始，60天後便可製作完成，若要品嘗其最好的味道則應在裝瓶後一年內飲用。

三種類的清酒：純米、本釀造與吟釀

清酒的溫熱法

1.在一小平底鍋中倒入一半水,加熱使其沸騰後將火調至最小。

2.於清酒壺中注入3/4清酒,把酒壺放在鍋中5分鐘,直到酒溫達到自己喜好的溫度。

3.因酒溫與壺底相近,故拿起酒壺觸摸壺底以判斷酒溫,若壺底已變熱即可飲用。

清酒的種類

清酒的分類很複雜,但大致可分為三類:吟釀、純米與本釀造。吟釀是由60%以下的精米製成,其中品質最好的是大吟釀,其精米佔50%以下。純米是種以白米釀造的清酒,然而非純米酒則含有少量的釀造酒與糖。本釀造是由70%以下的精米、少量釀造酒製成。吟釀最好冷卻飲用,而純米與本釀造則既可冷飲也可熱飲。

清酒還有一個種類叫做生酒,其他清酒在製作時需經兩次加熱,但生酒則在裝瓶前過濾而非加熱,這種清酒很適合在炎熱的夏天冷藏後飲用。

大部分品質高級的清酒都是由家族酒坊小規模釀造,這在某種程度上限制了日本國內清酒的流通。只有一些大清酒釀造商輸出其品牌,而在海外購得的清酒大多數都是由工廠釀造。其中還有些商家已在其他國家設置工廠,以美國為主,清酒品牌包括大關、松竹梅、寶酒造、正宗、白山、月桂冠與白鹿等,在百貨公司食品街內皆可買到瓶裝或紙盒裝清酒。

風味與品質的維持

清酒透明無色、口感細膩,帶有淡淡酒香。不如其他酒類般可長久保存,清酒一旦拆封需儘快飲用完畢,且保存於陰涼通風處並避免陽光直射。

習慣上燒酎皆以熱水稀釋,並搭配醃梅子飲用。

燒酎

燒酎的字面意思為「燃燒的利口酒」,是種經蒸餾的利口酒,由米與其它穀物混合製成,有時也用甘薯。起初,燒酎在日本被視為水準較低的飲料,而最近它卻越來越流行,尤其受年輕人喜愛。它的酒精含量很高,一般為20-25%,有的甚至高達45%,所以在飲用時常依季節不同而以熱水或冷水稀釋。

在日本,飲用燒酎最流行的方式是製成梅子燒酎,其調製法是將一份燒酎以4-5份熱水稀釋,並於飲用前在杯中放入一顆醃梅子。燒酎還可用來製作梅酒,燒酎與梅燒酎都能在日式超市中買到。

威士忌

日本的威士忌酒業興起於1920年代，第一瓶威士忌為1929年京都山崎的SunTORY株式會社（三得利株式會社）所生產，其主要競爭對手——NIKKA威士忌株式會社於1934年生產第一批威士忌。

至今，日本的威士忌市場仍被這兩家釀酒公司所瓜分，但成立於1899年的三得利株式會社，含蘇格蘭進口威士忌，其市場佔有率約70%，起初生產被稱為PORT的酒，現在已改名為甜酒。他們所生產的第一瓶威士忌也是日本的第一瓶威士忌，也就是至今仍在販售的三得利威士忌白札（白標），但銷售最好的混合型威士忌應屬三得利角瓶（淡麗爽口）。其他還有些市場佔有率較小的威士忌生產商，如Japan Sanraku-Ocean Whiskey、麒麟Seagram與合同酒精株式會社等。

三得利株式會社較好的產品與NIKKA威士忌株式會社的SUPER NIKKA 15年威士忌，在日式超市與大型食品賣場都能購得。在西方，一些為迎合當地日本人口味的飯館與酒吧都售有這些威士忌。

SUPER NIKKA 15年威士忌

啤酒

日本的啤酒製造業興起於19世紀末，當時由美商Weigrand and Copeland成立，日本政府經營的酒廠分成三個地區性公司：西部的Asahi啤酒公司、東部的SAPPORO啤酒公司與中部的KIRIN啤酒公司。如今日本的啤酒產業已成為年收超過4兆1,455億日圓（約新台幣1兆1,746億元）的工業，且啤酒成為全日本銷售最好的飲料，約占所有酒類飲品銷售額的55%以上。啤酒產業始終被這三大公司佔據，但三得利株式會社於1963年加入；且KIRIN啤酒一直有著超過60%的市場佔有率，但最近Asahi啤酒打出其品牌「Asahi Super Dry」後，KIRIN啤酒逐漸面臨強大挑戰，兩家公司自此捲入激烈的爭奪戰，現在他們都有約40%的市場佔有率。在過去20年裡，KIRIN啤酒幾乎將其淡啤酒出口至全球，如今隨著最新產品「麒麟一番搾」的成功，該公司仍穩坐日本淡啤酒出口量第一的寶座。許多日本人將啤酒作為餐前開胃酒，且在用餐時換飲清酒。

日本啤酒的風味

對日本人來說，沒什麼比得上炎熱潮濕夏日裡的冰啤酒，而清新爽口的日本淡啤酒完全滿足了他們的需求，西方人可能會覺得日本啤酒的味道太淡。啤酒的種類很多，其中包括罐裝生啤酒，但最受歡迎的應數「Asahi Super Dry」、「麒麟一番搾」、「SAPPORO生啤酒黑標」與「三得利MALT」，在日式餐廳、超市、百貨公司的食品街以及一些大型超市都能買到以上產品。還有一種啤酒味更淡，低麥含量的啤酒已在日本上市，但在日本國外還無法購得。

KIRIN啤酒、SAPPORO啤酒與Asahi啤酒。

利口酒

在日本傳統中並沒有在餐後飲用利口酒的習慣，但最近卻逐漸流行在用餐時飲用以無酒精飲料稀釋的利口酒，且利口酒銷售正呈上升趨勢。日本人自己發明了兩種在其他國家也很受歡迎的利口酒——梅酒以及較新的蜜瓜利口酒，可在一些百貨公司的食品街買到。

自製梅酒

這是種夏日飲品，飲用時可加入冰塊或以冰水稀釋。

可製成4公升
材料：
　　未熟的梅子1公斤
　　結晶砂糖675-800公克或白砂糖500公克
　　燒酎1.75公升

1.去掉梅子梗並以廚房紙巾或乾燥餐巾擦乾淨。

2.容量約4公升的有蓋罐子裡放入一些梅子，並撒上一把糖，重複此動作直到所有的梅子與糖都裝入罐中。

3.倒入燒酎，使梅子和糖全部浸泡在其中，把罐子密封好並置於陰涼處，放置1年或至少3個月。

梅酒

梅酒在西方被稱為梅子利口酒，是種有梅子香味的白色利口酒，其製作法是將新鮮、未熟的梅子與糖浸泡在烈酒中放置3個月。曾有段時間，日本幾乎每戶人家都有用燒酎製作梅酒的習慣，因為根據日本傳統，燒酎也都是自製的。但現在這種情況越來越少，很多酒類製造商包括蝶矢梅酒株式會社、大關株式會社，與其他食品製造商如KIKKOMAN株式會社（生產醬油）及寶酒造株式會社（生產味醂）現在均有瓶裝梅酒出口。歐洲尤其是德國和法國，已建立起梅酒市場，有些瓶裝梅酒中還含有整顆可食用的梅子。

梅酒有著清澈的金棕色，其濃郁的甜味，伴隨著淡淡的酸味與果香，是傳統的夏日飲品，適合加入冰塊或以水稀釋，但若不加水稀釋可是會令人喝醉的利口酒。

蜜瓜利口酒

蜜瓜利口酒是種有蜜瓜香味的利口酒，由三得利株式會社於1978年生產。這種酒是以一種穀物烈酒為基底，而其他材料則仍是秘密。蜜瓜利口酒有著水果濃郁的甜味、果香與蜜瓜香，奇怪的是這種酒在海外比在日本更流行，主要銷往美國、澳洲及英國。該酒清新、典雅的綠色與清香的蜜瓜味使其成為雞尾酒中的特殊材料，這也是它的主要用途，有時還可用於製作蛋糕及果凍。

紅酒

日本在二戰後開始種植葡萄，現在中部山區的甲府、北海道的十勝都可生產上等的葡萄酒包括紅酒與白酒。因土地資源極其有限，故日本的葡萄酒產量很低。隨著葡萄酒在日本國內越來越受歡迎，其需求量也與日俱增，在1990年代其年成長率平均為50%，因此日本國內的產量以及從世界各地進口的產量加總才恰好滿足國內需求，在此同時葡萄酒在日本幾乎不出口。

蜜瓜利口酒（左），一種帶有蜜瓜香味的利口酒；梅酒（右）。

日本料理

料理是體現文化的方式之一

如表現在選材、搭配、烹調及裝盤方式中

日本料理展現日本人的生活方式：

簡單、雅緻，注重細節與美感

壽司與米飯

米飯是日本料理的精髓所在

幾乎所有菜餚都是設計來搭配一碗精心製作的米飯

本章將要介紹如何製作單獨食用的日本圓米飯

以及如何在米飯中加醋以製作壽司

還會介紹幾道營養豐富的米食

鯖魚押壽司

鯖魚片醃漬後，與醋飯一起放入模型中製成鯖魚押壽司，需提前8小時準備，以確保魚肉吸收足夠的鹽分。

可製作12個

材料：
　鯖魚片500公克
　鹽
　米醋
　新鮮生薑2公分長（去皮後切碎，用於裝飾）
　醬油（佐料用）

醋飯材料：
　日本圓米200公克
　米醋40ml
　細砂糖4小匙
　鹽1小匙

1.將鯖魚片魚皮朝下放在平盤子裡，在魚肉上鋪厚厚一層鹽，醃漬3-5小時。

2.製作醋飯時，先把米放入大碗中以大量水沖洗，直到洗米水變得清澈，把米倒入濾網中放置1小時，使其瀝乾水分。

3.把米放入一個小而深的鍋中，加入比米飯多15%的水，如200公克米加入250ml的水。加蓋後加熱約5分鐘使其沸騰，小火煮12分鐘，期間勿掀開鍋蓋。當聽到輕微的爆裂聲時表示米正在吸收水分，離火放置10分鐘。

4.將煮好的米飯放入一個潮濕、專門用於盛裝米飯的日式木桶或一個大碗中，再把米醋、糖和鹽倒入一小碗中，充分混合直到完全溶解後，倒在米飯上並以濕潤

的橡皮刀攪動米飯使其鬆軟。切勿搗碎米飯，如果可以則請他人協助以扇子搧風，使米飯儘快冷卻，此做法可使米飯更有光澤。以濕潤的餐巾蓋住容器並放置使其冷卻。

5.以廚房紙巾擦去鯖魚表面的鹽，並用鑷子去掉殘留魚骨，從尾部開始去皮直到頭部。將去皮魚片放在盤中，倒入足以蓋住魚肉的米醋，放置20分鐘後瀝乾，並以廚房紙巾擦乾。

6.在25×7.5×4公分的模型中鋪上兩倍大小的保鮮膜，魚皮朝下鋪在模型底部，並把多餘的魚肉切塊塞在空隙中。

7.把醋飯放在模型中並以沾水的手壓緊，再蓋上保鮮膜並壓上重物，放置一夜或至少3小時。

8.將壽司脫模並切成2公分寬的塊狀，每切一刀都要用沾有米醋的廚房紙巾擦拭刀面。

9.將切好的壽司擺在盤中，佐以一點薑末、醬油後上桌。

烹調小技巧

　之後食譜中提到的醋飯都是根據上述方法製成，此後將以「一份醋飯」表示。

握壽司

握壽司最早起源於東京的街頭小吃，因其魚肉新鮮及隨做隨吃的特色而倍受人們喜愛。

4人份

材料：

生明蝦4隻（去頭去殼但留下
尾巴）

扇貝4枚（僅取貝柱）

綜合海鮮425公克（去皮洗淨
並切成肉片）

醋飯2份

米醋1大匙（捏製壽司用）

管裝山葵醬3大匙或等量山葵
粉加入1大匙水調和

鹽

醃薑（裝飾用）

醬油（佐料）

1.將竹籤或牙籤縱插入每隻蝦中防止蝦在烹飪過程中蜷縮，以加入少許鹽的水烹煮蝦子約2分鐘或直到變成粉紅色。瀝乾冷卻後抽出竹籤，將蝦從腹部切開但不要切斷，以刀尖挑出蝦背的沙腸後丟棄，把蝦肉平鋪在托盤上。

2.將貝柱水平切成兩半但不要切斷，輕輕地將每塊貝柱攤開使呈蝴蝶狀，切面朝下放在托盤上；以利刃把所有魚肉切成7.5×4公分，約5公釐厚的片狀，將所有魚片與貝類放到托盤上，以保鮮膜蓋住並冷藏。

3.將醋飯放入碗中，並於另一小碗中加入150ml水與醋，用於製作握壽司使其成型時塗在手上；取出冷藏的海鮮。

4.手掌沾上醋水，取出約1.5大匙醋飯握在手中，慢慢地握緊米飯使呈長方體，但勿擠壓米飯，米飯需小於海鮮。

5.將醋飯團放在濕潤的砧板上，手握一塊海鮮並抹上山葵醬再放上米飯輕壓，手掌需呈茶杯狀，如此可使壽司成型且表面圓滑。

將握好的壽司放在托盤上，製作過程不要太久，因掌溫會使海鮮失去鮮度。

6.重複此過程完成所有握壽司並備好醬油立即上桌，食用時拿起一塊握壽司，將海鮮沾上醬油。在品嘗不同壽司間，稍微吃些醃薑可以清除口中殘留的味道。

烹調小技巧

不需擔心製作的醋飯團看來不太緊密，但手需頻繁地沾水且保持壽司表面整潔。

散壽司

散壽司是日本人最普遍食用的壽司，在光亮的漆器中盛滿醋飯後，將各式各樣的壽司料裝飾於米飯上。

4人份

材料：

　　雞蛋2顆（打散）
　　植物油（用於煎煮）
　　豌豆莢50公克（去蒂）
　　海苔片1張
　　醬油1大匙
　　管裝山葵醬1大匙或等量山葵
　　粉加入2小匙水調和
　　以8小匙糖製成的醋飯1.25份
　　鹽
　　鮭魚子2-4大匙（裝飾用）

壽司料：

　　新鮮鮪魚片115公克（去皮）
　　新鮮槍烏賊90公克（只取用體
　　腔且洗淨去軟骨）
　　大明蝦4隻（去頭去殼但保留
　　尾巴）

調味香菇：

　　乾香菇8朵（以350ml水浸泡4
　　小時）
　　細砂糖1大匙
　　味醂4大匙
　　醬油3大匙

1.以利刃將鮪魚依其紋理切成7.5×4公分，5公釐厚片狀，將槍烏賊縱向切成5公釐寬的條狀，將其與鮪魚一起放在托盤上，以保鮮膜覆蓋放入冰箱冷藏。

2.去香菇蕈柄，平底鍋倒入泡香菇水，加入香菇一起煮沸，除去表面浮沫改以中火烹煮20分鐘後，加糖、味醂及醬油以小火煨燉，直到湯汁幾乎煮乾。撈出香菇，瀝乾水分後切成薄片備用。

3.竹籤縱向插入蝦中，以鹽水煮2分鐘，瀝乾水分後冷卻。

4.抽出蝦內竹籤並從腹部切開，勿切斷，除去沙腸並將蝦肉平鋪於托盤。

5.將雞蛋打散並加入一撮鹽，煎鍋中放入少許植物油加熱至冒煙，以廚房紙巾吸去多餘的油後，倒入足以完全覆蓋煎鍋底部的蛋汁。同時將煎鍋稍微傾斜，以中火加熱直到蛋汁邊緣變乾並開始捲起，將煎蛋翻面並於30秒後盛出置於砧板。以相同方法將剩餘蛋汁製成幾張蛋皮，將所有蛋皮疊在一起並捲成管狀後切成細絲。

6.豌豆莢以加入少量鹽巴的水煮2分鐘，使其半熟後瀝乾，將豌豆切成3公釐寬的斜條狀，以剪刀剪碎海苔並與醬油、山葵混合。

7.將一半的醋飯平均放入四個漆器餐盒中，把1/4海苔混合物撒在米飯上，將剩餘米飯全部蓋在海苔上，並以濕潤的抹刀壓平米飯表面。

8.將蛋絲全部擺在米飯上，使其完全覆蓋米飯；將鮪魚片在蛋絲上擺成扇形，並在魚上擺上扇形的香菇片；鮪魚旁擺上一隻蝦並把槍烏賊細條堆在另一側，最後將豌豆莢與鮭魚子擺在槍烏賊上裝飾即可上桌。

手捲壽司

這是種有趣的壽司製法，被稱作手捲壽司，意思就是「用手捲成的壽司」。每位客人都可以從魚肉、貝類、蔬菜與醋飯中選擇適合自己口味的食材，自己製作手捲壽司。

4-6人份

材料：

以8小匙細砂糖製成的醋飯2份
新鮮的鮪魚片225公克
燻鮭魚130公克
小黃瓜17公分長
生的大明蝦或虎蝦8隻（去頭去殼）
酪梨1顆
萊姆汁1.5小匙
細香蔥20根（修剪乾淨並切成6公分長）
芥菜與水芹1袋（除去根部）
紫蘇葉6-8片（縱切成2片）

佐餐醬料：

海苔12片（各切成4小片）
蛋黃醬
醬油
管裝山葵醬3大匙或等量山葵粉加入1大匙水調和
醃薑

1. 將醋飯放入大碗中並蓋上濕潤餐巾。

2. 鮪魚沿紋理切成5公釐厚片，再切成1×6公分條狀，鮭魚與小黃瓜也切成此大小。

3. 蝦子插上竹籤後以鹽水煮2分鐘，撈出瀝乾並冷卻。取出竹籤，蝦肉縱切成兩片並剔除沙腸。

4. 切開酪梨，去核並灑上一半的萊姆汁，切成1公分寬長條，再灑上剩餘的萊姆汁。

5. 托盤擺上魚、貝、酪梨與蔬菜，海苔片置於盤中，蛋黃醬則置於碗裡，醬油分別倒入碟中，山葵醬以另一碟子盛裝，並把醃薑堆放在小碗中。在一個玻璃杯中倒入半杯水並置入4-6把湯匙，最後把所有的材料擺放在桌上。

6. 讓每位客人都依循以下方法製作自己的手捲壽司：手掌上放一片海苔，取3大匙米飯鋪在海苔上，在米飯中間抹上一些山葵醬後，把不同的條狀材料擺在米飯上，把海苔捲成錐狀，頂端沾些醬油即可。在品嘗不同的壽司間可吃些醃薑，以除去口中殘留的味道。

海苔捲壽司

海苔捲壽司共分為兩種：細卷與太卷，在製作這種壽司的過程中需要用到壽司竹簾。

6-8人份

太卷（粗的壽司捲）

可製作16片

材料：
- 海苔片2片
- 醋飯1份

煎蛋材料：
- 雞蛋2顆（打散）
- 高湯1.5大匙或等量水加入1小匙高湯粉
- 清酒2小匙
- 鹽0.5小匙
- 植物油（油煎用）

內餡：
- 乾香菇4朵（泡水一夜）
- 高湯120ml或等量水加入1.5小匙高湯粉
- 醬油1大匙
- 細砂糖1.5小匙
- 味酥1小匙
- 生的大明蝦6隻（去頭去殼並保留尾巴）
- 蘆筍4根（以加入少許鹽的水煮1分鐘並冷卻）
- 細香蔥10根（約23公分長，並修剪尾端）

1. 製作煎蛋：碗中置入雞蛋、高湯、清酒與鹽，以煎鍋中火加熱少許油，並倒入足以覆蓋鍋底的蛋汁，成型時對折並再加些油。

2. 將蛋皮留在鍋中並繼續製作另一層蛋皮，於成型後折起置於前一層蛋皮上，如此便形成多層的煎蛋。當所有蛋液都製作完畢後，把煎蛋盛到砧板上冷卻後切成1公分寬的蛋條。

3. 將香菇、高湯、醬油、糖與味酥全部加入平底鍋中，煮至沸騰後，以小火煮20分鐘直至湯汁餘下一半。撈出瀝乾後，除去蕈柄，將蕈傘切成薄片後以廚房紙巾擦乾。

4. 於明蝦腹部劃3刀以防其蜷曲，放入鹽水中煮1分鐘或直到蝦子呈粉紅色，瀝乾冷卻後除去沙腸。

5. 海苔粗面朝上放在竹簾上並鋪上一半的醋飯，在較近的一端留1公分寬邊緣，而在較遠一端留2公分的邊緣。

6. 在米飯正中央水平壓出一道淺淺的凹痕，並放入一條煎蛋後，放上一半的蘆筍與明蝦，在旁邊擺上5根細香蔥，再把一半的香菇片放在細香蔥上。

7. 用大拇指抬起竹簾，其他手指壓住內餡，輕輕捲起壽司。

8. 捲起後，把竹簾放在砧板上，壓緊壽司捲。拿開竹簾並將壽司捲放在一旁，再以相同的方法製作另一個壽司捲。

細卷（細的壽司捲）

可製作24片

材料：
- 海苔片2片（縱切成兩半）
- 醋飯1份
- 管裝山葵醬3大匙或等量山葵粉加入2小匙水調和（再準備一些水備用）

內餡材料：
- 新鮮的鮪魚90公克
- 黃瓜10公分或小黃瓜17公分
- 烘烤過的芝麻籽1小匙
- 醃白蘿蔔6公分（切成1公分厚的條狀）

1. 內餡：沿著紋理將鮪魚切成1公分寬條狀，黃瓜也切成1公分厚條狀。

2. 攤開壽司竹簾，海苔粗面朝上，將1/4醋飯平鋪在海苔上，並在較遠端留1公分寬邊緣，壓緊米飯使其表面光滑。

3. 在米飯上抹些山葵醬，在中間橫向擺上鮪魚條，使其成一排並將多餘部分切掉。

4.雙手拉起竹簾,小心地捲起,把鮪魚捲在中心後輕輕地把壽司捲壓緊。

5.慢慢地拿開竹簾,將捲有鮪魚的壽司捲放在一旁,以剩餘材料繼續製作其他細卷。

6.重複此過程,但只使用黃瓜條,綠色皮朝上並於捲起前,在黃瓜上撒上芝麻籽。

7.再以醃白蘿蔔重複此過程,但不要加山葵醬,於製作期間,將完成的壽司放在濕潤的砧板上,以保鮮膜覆蓋。製作完成時,應共有兩條鮪魚捲、黃瓜捲、醃白蘿蔔捲各一。

海苔捲壽司上桌

1.用利刃將每個太卷切成8片,每切一刀都要用沾有米醋的餐巾擦拭刀面,並以相同方法把每個細卷切成6片。

2.在一大托盤上把壽司擺成一排,在小碟中分別盛裝山葵醬、醃薑、醬油並與壽司一同上桌。

烹調小技巧

在一小碗中盛裝半碗水,加入2大匙米醋,在捲壽司的過程中以此醋水濕潤手,防止米飯黏手。

燻鮭魚押壽司

押壽司的歷史可追溯到一千年前，最早的壽司其實是用以貯藏魚類的一種方法，煮熟的米飯用來產生乳酸，並於一年後丟棄，而只食用醃漬魚。

可製作12個

材料：

燻鮭魚175公克（切薄片）

清酒1大匙

水1大匙

醬油2大匙

醋飯1份

檸檬1顆（切成6片3公釐厚的圓片）

1.鮭魚肉平鋪於砧板上，灑上清酒、水與醬油的混合物，醃漬1小時後以廚房紙巾擦乾。

2.以水潤濕押壽司專用木質模型，或於一個25×7.5×5公分規格的塑膠容器中鋪上一張保鮮膜，可露出保鮮膜邊緣。

3.在模型或容器底部平鋪一半的鮭魚片，再放上1/4醋飯，以沾米醋的手壓實，直到米飯變為1公分厚。加入剩下的燻鮭魚，再放上剩餘的米飯。

4.蓋上濕潤的木蓋或以露出的保鮮膜蓋住米飯，於其上放一重物如重一點的盤子，在陰涼處放置一晚或至少3小時，如要置於冰箱冷藏則需選擇一個不太涼的地方。

5.將押壽司從模型中或容器中拿出，除去保鮮膜，切成2公分寬塊狀後，放到日式漆製托盤或大盤子中。把每片檸檬切成4片，每塊壽司上擺放兩片（裝飾用）即可上桌。

烹調小技巧

• 可依個人喜好以燻鱈魚代替燻鮭魚。

• 若沒有模型或窄容器，則可使用15公分的方形容器。將押壽司縱切成兩部分後，再切成2公分寬塊狀，還可將每小塊壽司一切為二，作為派對的小點心。

稻荷壽司

油豆腐皮與其它的豆腐製品不同，它可以像袋子一樣打開，在這道料理中，是將醋飯填入油豆腐皮中，搭配醬油一同上桌。

4人份

材料：

新鮮油豆腐皮8個或袋裝油豆腐皮275公克（約有16片的半塊油豆腐皮）
高湯900ml或等量水加入2小匙高湯粉
細砂糖6大匙
清酒2大匙
醬油4.5大匙
8小匙糖製成的醋飯1份
烘烤過的白芝麻籽2大匙
醃薑（裝飾用）

1.將新鮮油豆腐皮放在沸水中煮至半熟，約需1分鐘，以流動的水沖洗後瀝乾冷卻，輕輕擠出多餘水分，切開每片油豆腐皮，小心地從切口處打開油豆腐皮使呈袋狀，若使用包裝油豆腐皮則需瀝乾水分。

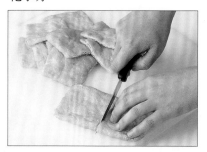

2.將油豆腐皮放在一大平底鍋中，倒入高湯使其蓋過油豆腐皮並煮沸後，蓋上鍋蓋以小火煨燉20分鐘。在此過程中，分三次加入糖，並晃動平底鍋使糖完全溶解，再煨燉15分鐘。

3.加入清酒並再次晃動平底鍋，分三次加入醬油，繼續煨燉至水分幾乎煮乾，把油豆腐皮放入大濾網中瀝乾。

4.在一個濕潤的碗中混合醋飯與白芝麻籽，手上沾些水後抓起適量醋飯，捏成長方體，打開油豆腐皮並放入飯團，將油豆腐皮邊緣壓緊以蓋上口袋。

5.所有油豆腐皮填充完畢後，放在大盤子上或放在不同的盤中。擺放時將油豆腐皮的底部朝上，並以醃薑裝飾即可。

烹調小技巧

打開油豆腐皮而又不弄破的方法：將油豆腐皮放在砧板上，以手掌輕輕摩擦後，一點一點地將油豆腐皮從切口打開到底部。打開油豆腐皮後，伸入手指以確保每個角落皆已完全打開。

四味飯糰

飯糰在日語的意思是「以手捏製的米飯」，日本的米飯很適合製作飯糰，在這裡要介紹的是分別以鮭魚、鯖魚、醃梅子與橄欖作為內餡的飯糰。包上海苔後，飯糰便可輕易地以手拿起。

4人份

材料：

鮭魚片50公克（去皮）
醃梅子3顆（50公克）
芝麻籽3大匙
味醂1/2小匙
燻鯖魚片50公克
海苔2片（每片切成8條）
去核黑橄欖6顆（擦乾並切好）
精鹽
日式醬菜（配料）

米飯：

日本圓米450公克
水550ml

1.烹煮米飯時，先用冷水清洗，瀝乾後放入大鍋中，加水放置30分鐘。加蓋烹煮，沸騰後以小火煨煮12分鐘。當聽到輕微的爆裂聲即停止加熱，放置15分鐘且切勿打開鍋蓋。

2.以濕潤飯匙或木質抹刀輕輕翻動米飯，使其充分接觸空氣，冷卻30分鐘，並在此期間準備內餡，以鹽醃漬鮭魚至少30分鐘。

3.將醃梅子去核，並以叉子背面壓碎，混入1大匙芝麻籽再加入味醂製成梅醬。

4.洗掉鮭魚上的鹽，以大火烤鮭魚與燻鯖魚，以叉子剝去魚皮，並把魚剝成大塊的魚肉，但切勿混合鮭魚和鯖魚。

5.在乾燥平底鍋，以小火烘烤剩下的芝麻籽，直到芝麻籽爆裂。

6.米飯溫度適中為最宜，捏製飯糰前，先準備一個茶杯和一碗冷水以沾濕雙手。將茶杯與茶匙放在水中，將精鹽置於小碟子中，用濕餐巾擦拭砧板使其潤濕，並以無香味肥皂洗手後擦乾。

7.取出茶杯並甩掉多餘水分，杯中置入2大匙米飯，以手指挖一小洞後放入1/4鮭魚肉，再以1大匙米飯蓋住並壓緊。

8.以水沾濕雙手，並在手上撒上一小撮鹽，摩擦手掌使其均勻分佈。以一隻手取出茶杯中的米飯，再以雙手一同擠壓製成一扁平的飯糰。

9.以一條海苔包裹飯糰並置於砧板，以剩餘的鮭魚製作另外三個飯糰，再以燻鯖魚和梅醬各製作四個飯糰。

10.取約3大匙米飯置於杯中，與1/4碎橄欖混合後以手指壓緊。以水沾濕雙手，捏一小撮鹽與1/4芝麻於手中揉搓後，以一隻手取出杯中米飯，並以上述方法捏成球狀。芝麻籽應會自動粘在飯糰上，但這次不以海苔片包裹。重複以上過程，製作其他三個飯糰。

11.在每個盤中各放一個不同種類的飯糰，並佐以日式醬菜。

紅豆飯

這是種只在特殊場合食用，以糯米製成的紅豆飯，準備時間長達8小時。在兒童節當天製作的紅豆飯還需使用可食用的橡樹葉。

4人份

材料：

乾紅豆65公克
鹽1小匙
糯米300公克
日本圓米50公克
可食用橡樹葉12片（隨意）

芝麻醬材料：

黑芝麻籽3大匙
粗海鹽1小匙

1.鍋中加入420ml水與紅豆。

2.將水煮沸後，小火加蓋煨燉20-30分鐘或直到紅豆膨脹但仍堅實。離火後瀝乾，並將煮紅豆水置於另一碗中，加鹽，並把紅豆再放回鍋中。

3.將兩種米一起淘洗，瀝乾水分放置30分鐘。

4.另煮沸420ml水，加入紅豆後煮30分鐘後，紅豆殼應已破裂。瀝乾紅豆，將水倒入先前盛放液體的碗中，紅豆加蓋並放冷。

5.把米放入煮紅豆水中浸泡4-5小時，濾出米粒並留下煮紅豆水，混合紅豆與米。

6.將蒸籠的水煮至沸騰後熄火，把一高玻璃杯口朝下置於蒸籠中心，米與紅豆倒入蒸籠中後輕輕拿出玻璃杯，中央的洞可使蒸汽均勻散佈，以大火蒸10分鐘。

7.在蒸的過程中，以手指沾煮紅豆水灑於米飯上後加蓋繼續蒸，在整個過程中，重複此動作兩次後再蒸15分鐘，熄火並燜10分鐘。

8.製作芝麻鹽：在一乾燥煎鍋中烘烤芝麻與鹽直到芝麻開始爆裂，冷卻後放入一小盤中。

9.以濕潤的餐巾擦拭每一片橡樹葉，取120ml紅豆飯置於一濕潤茶杯中，以濕潤手指壓緊米飯。將杯口朝下放置以倒出米飯，用手把成型的飯糰捏成扁平球狀。把此飯糰以橡樹葉裹好，重複此過程直到所有橡樹葉使用完畢。若無法購得橡樹葉，則可將所有紅豆飯糰放在以濕毛巾擦拭過的碗中。

10.在紅豆飯上撒些芝麻鹽即可上桌，橡樹葉（新鮮的除外）亦可食用。

加藥御飯

日本人熱愛米飯所以發明許多種烹煮米飯的方法，在此介紹的是圓米飯與雞肉、蔬菜一同烹煮以作為午飯的健康菜餚，名為加藥御飯，可搭配清湯與口味較重的醬菜一同食用。

4人份

材料：

日本圓米275公克

紅蘿蔔90公克（去皮）

萊姆汁0.5小匙

牛蒡或罐裝竹筍90公克

杏鮑菇225公克

鴨兒芹8根（除去根部）

高湯350ml或等量水加入1.5小匙高湯粉

雞胸肉150公克（去皮去骨，切成2公分塊狀）

醬油2大匙

清酒2大匙

味醂1.5大匙

鹽1小撮

1.以冷水洗米並持續換水，直到洗米水清澈，將米置於濾網中瀝乾水分並放置30分鐘。

2.以鋒利的刀將紅蘿蔔切成5公釐厚圓片後，切出花邊。

3.在一碗中盛裝冷水並加入萊姆汁，牛蒡去皮後，如削鉛筆般將牛蒡削片並置於碗中，浸泡15分鐘後瀝乾；若用罐裝竹筍則切成近似火柴棒的形狀。

4.將杏鮑菇撕成細條，鴨兒芹切成2公分長，置於濾網中並淋上熱水瀝乾備用。

5.於大平底鍋中加熱高湯，加入紅蘿蔔、牛蒡或竹筍，沸騰後加入雞肉並撈去表面浮沫，加入醬油、清酒、味醂與鹽。

6.加入生米與杏鮑菇後，加蓋沸騰5分鐘後以小火煨燉10分鐘，熄火後再燜15分鐘，加入鴨兒芹即可上桌。

烹調小技巧

雖然牛蒡或竹筍在西方被認為是有毒植物，而日本人卻已長期食用，但前提為必須烹煮過。牛蒡內含鐵質與酸性物質，故生吃有害健康，但若以鹼性水浸泡或短時間烹煮過則將不具毒性。

香菇滑蛋雜炊

這是種又好又快的剩飯加工法，在這道又稱做玄米雜炊的豐盛料理中，為其較硬的口感而使用糙米。最好使用日本圓米或義大利糙米製作，這兩種原料在健康食品店均可購得。

4人份

材料：

高湯1公升或等量水加入4小匙
高湯粉
清酒4大匙
鹽1小匙
醬油4大匙
鮮香菇115公克（切薄片）
煮熟的糙米飯600公克（見烹調小技巧）
大雞蛋2顆（打散）
新鮮細香蔥2大匙（切段）

裝飾用材料：

芝麻籽1大匙
七味粉適量（隨意）

1.煮沸高湯、清酒、鹽與醬油，加入香菇片並以中火煮5分鐘。

2.加入糙米飯以中火加熱，並用一木杓輕輕攪動，攪碎所有大塊米飯並使米飯溫熱。

3.如漩渦般倒入打散的蛋汁，轉小火加蓋但切勿攪動。

4.煮3分鐘後離火並靜置3分鐘，則蛋應剛煮熟撒上蔥末。

5.將粥分別盛入幾個碗中即可上桌，可視個人喜好以芝麻籽或七味粉作裝飾。

烹調小技巧

烹煮糙米飯：糙米洗淨後瀝乾，鍋中加入糙米和水，比例為1：2。煮沸後加蓋煨煮40分鐘或水分均被米吸收，不掀蓋燜5分鐘即可。

鮭魚茶泡飯

茶泡飯這種速食是日本一種很普遍的酒後或飯後小吃，在京都地區，為客人端上茶泡飯在過去是禮貌性地宣告宴會結束，客人通常會謝絕食用而立即離去。

4人份

材料：

鮭魚肉片150公克
海苔1/4片
日本圓米250公克（用350ml水烹煮）
煎茶葉1大匙
管裝山葵醬1小匙或等量山葵粉加入1/4小匙的水調和（隨意）
醬油4小匙
鹽

1.將鮭魚肉片以鹽醃漬30分鐘，若肉片厚度超過2.5公分則切成兩片，一同以鹽醃漬。

2.以廚房紙巾擦拭乾淨魚肉表面的鹽，將魚放在預熱的烤架上烤5分鐘直到完全熟透。去掉魚皮和所有魚骨後，用叉子將魚肉大致分成小塊。

3.用剪刀將海苔片剪成20×5公釐的短條狀，或依個人喜好使其保持原本的長條狀。

4.若米飯仍是溫的則平均盛到碗中，若已涼則置於濾網，淋上熱水加熱，瀝乾水分後將米飯倒入碗中並擺上鮭魚塊。

5.茶壺中放入煎茶葉，另煮沸600ml的水，熄火後使其稍微冷卻。將熱水注入茶壺中並等待45秒後，過濾茶葉，並輕輕地在米飯和鮭魚肉塊上淋上茶水，加些海苔與山葵醬（若選用），再滴些醬油即可上桌。

三色便當

三色便當是日本小朋友最常食用的午餐，鮮艷的色彩與眾多的口味使他們永遠都吃不膩。

可製成4份便當

材料：

日本圓米飯275公克（用375ml
水煮成後冷卻）

烤過的芝麻籽3大匙

鹽

豌豆莢3片（裝飾用）

炒蛋材料：

細砂糖2大匙

鹽1小匙

大雞蛋3顆（打散）

魚鬆材料：

鱈魚片115公克（去皮去骨）

細砂糖4小匙

鹽1小匙

清酒1小匙

紅色植物性色素2滴（以幾滴
水稀釋）

雞鬆材料：

生雞肉200公克（切碎）

清酒3大匙

細砂糖1大匙

醬油1大匙

水1大匙

1.製作炒蛋：平底鍋中放入雞蛋、糖和鹽，以中火加熱，用攪拌器或叉子不停地攪動雞蛋，當雞蛋快熟時熄火並繼續攪動，直到雞蛋熟透並變乾。

2.製作魚鬆：以一有水大平底鍋煮鱈魚，約煮2分鐘，瀝乾後以廚房紙巾擦拭乾淨，去掉皮和所有魚骨。

3.鱈魚和糖置於鍋中再加入鹽和清酒，以小火烹煮1分鐘，期間以叉子將鱈魚肉片剁成魚肉末。將火轉小，加入色素繼續攪拌15-20分鐘，直到鱈魚肉末變得鬆軟而有韌性後盛入盤中。

4.製作雞鬆：將切碎的雞肉、清酒、糖、醬油和水置入一小平底鍋，以中火烹煮約3分鐘，將火轉小並以叉子或攪拌器不停攪動，直到液體幾乎全部煮乾。

5.豌豆莢以加入少許鹽的沸水煮3分鐘，瀝乾後小心地將其切成3公釐寬的細條。

6.在一碗中混合米飯與芝麻籽，以一濕潤的飯杓將米飯平均分到四個17×12公分的便當盒中，再以一木杓背面壓平米飯表面。

7.在每個便當盒中盛入1/4的雞蛋覆蓋住米飯表面的1/3，將另外1/3的米飯以1/4的魚鬆覆蓋，最後1/3覆蓋上1/4的雞鬆。可以不同蓋子區分不同飯盒，最後以豌豆莢絲裝飾。

雞肉親子丼

這道菜在日本被稱作「親子丼」，意思是家長（雞肉）與孩子（雞蛋），根據傳統，該飯需以一深而圓，附蓋的專用陶瓷碗盛裝，這種碗可算是日本最重要的食器之一，常見於飯館的午餐菜色。

4人份

材料：

雞腿肉250公克（去皮去骨）

鴨兒芹4根或芥菜與水芹1把

高湯300ml或等量水加入1.5大
匙高湯粉

細砂糖2大匙

味醂4大匙

醬油4大匙

小洋蔥2顆（縱切成薄片）

大雞蛋4顆（打散）

日本圓米飯275公克（以375ml
水煮成）

七味粉佐餐（隨意）

1.將雞腿肉切成2公分小方塊，切除鴨兒芹根部並切成2.5公分長的小段。

2.將高湯、糖、味醂與醬油以一乾淨附蓋的煎鍋煮沸，加入洋蔥片並放上雞肉塊，以大火加熱5分鐘，期間需不時晃動煎鍋。

3.雞肉煮熟後撒上鴨兒芹或芥菜與水芹，再倒入打散的雞蛋，加蓋煮30秒但不得攪動。

4.熄火後放置1分鐘，此時雞蛋應已熟但仍鬆軟且未定型，切勿放置過久以免雞蛋變硬。

5.盤子中盛入溫米飯後，倒入雞肉和雞蛋立即上桌，如需辣味則可搭配適量七味粉。

烹調小技巧

製作此菜最理想的方法是使用多個淺的小煎鍋，煎蛋用的小平底鍋就很合適。

湯與麵條

日式湯品可說是季節的縮影

常於用餐時或餐後食用

除拉麵外，其他日式麵條都與中式麵條大不相同

日本人精心製作的高湯味道濃郁

搭配簡單沾醬一同食用的蕎麥麵味道尤其鮮美

海帶芽豆腐味噌湯

對於任何正式的日本料理來說，最重要的是一碗飯，其次便是以漆製碗盛裝的味噌湯。在所有不同口味的味噌湯中，海帶芽豆腐味噌湯絕對是首屈一指。

4人份

材料：

海帶芽5公克

袋裝新鮮豆腐或可長期保存的絹豆腐半份（淨重約為225-285公克）

高湯400ml或於等量水中加入1小匙高湯粉

味噌3大匙

青蔥2根（切成蔥花）

七味粉或山椒粉（隨意）

1.海帶芽以一盛有冷水的大碗浸泡15分鐘，若海帶芽較長或寬則瀝乾後切成郵票大小。

2.將豆腐切成1公分寬條狀後切成小塊。

3.高湯煮沸，於小杯中置入味噌並加入4大匙熱高湯混合，火轉小並倒入2/3的味噌。

4.確認湯的味道，視需要再加些味噌，加入海帶芽和豆腐，將火調大。在湯將沸時加入青蔥後離火，不需待其沸騰。可視個人口味撒些七味粉或山椒粉即可上桌。

烹調小技巧

• 製作第一道高湯時，鍋中置入一片10公分長乾昆布並以600ml水浸泡1小時，加熱至將沸騰時離火，撈出昆布並留待製作高湯。加入20公克柴魚片，以小火加熱但不攪動。湯將沸時熄火，靜置使柴魚片沉澱，過濾後將柴魚片留待製作高湯。

• 製作高湯時，鍋中加入製作第一道高湯時保留的昆布和柴魚片，加入600ml水煮沸後小火煮15分鐘，直到高湯減少1/3。再加入15公克柴魚片且立即熄火，撈去表面浮沫並放置10分鐘後過濾。

蟳味棒清湯

這道鮮美的湯品被稱做御酢まし，多搭配壽司食用。若事先準備好第一道高湯或使用高湯粉即可快速完成。

4人份

材料：

鴨兒芹或細香蔥4根或芥菜和
水芹少許

蟳味棒4條

柴魚高湯400ml或以等量水加
入1小匙高湯粉

醬油1大匙

鹽1.5小匙

磨碎的柚子皮（隨意）

1.鴨兒芹為維持鮮度多連著莖與根販售。去根並切掉頂部5公分，保留稻草般的莖與葉。

2.用熱水燙過鴨兒芹莖，若使用細香蔥，則至少需10公分長，同樣用熱水燙。

3.取一根蟳味棒，把一根鴨兒芹莖或細香蔥小心地綁在中間並打上一個結，但不要拉太緊，重複此法將其他三根蟳味棒都打結。

4.手握一根蟳味棒，以手指小心地鬆開兩端，使成穗狀。

5.四根蟳味棒分別放入四個湯碗中，擺上四片鴨兒芹葉或芥菜與水芹。

6.將高湯倒入鍋中加熱至沸騰，加入醬油與鹽後試過味道，最後把高湯輕輕倒在蟳味棒與鴨兒芹上，可視個人口味撒上磨碎的柚子皮。

其他選擇

可以小明蝦代替蟳味棒，做法是把12隻生明蝦放在熱水中燙，直到蝦身捲成完整的環形後瀝乾水分。把鴨兒芹莖打成4個結，在每只碗中擺上3隻蝦並放上鴨兒芹結與茶葉。

豬肉味噌湯

這道豐盛的湯品，其日文名字意為「獵人喝的狸貓湯」，但由於現在人們不再食用狸貓，便以豬肉代替。

4人份

材料：

無骨豬瘦肉200公克
牛蒡15公分或歐洲防風草1條
白蘿蔔50公克
新鮮香菇4朵
袋裝蒟蒻半份或袋裝豆腐（約
225-285公克）半份
芝麻油少許（用於炒）
高湯600ml或於等量水中加入2
小匙高湯粉
味噌4.5大匙
青蔥2根（切成蔥花）
芝麻籽1小匙

1.豬肉置於砧板上以一隻手掌壓緊，先水平切成細長條狀，再把每條切成郵票大小的塊狀，切好後備用。

2.牛蒡去皮，斜切成1公分厚片狀後立即放入冷水碗中以免變色。若選用歐洲防風草，則去皮後縱切成兩半，再分別切成1公分厚半月形片狀。

3.白蘿蔔去皮，切成1.5公分厚的圓片，再將圓片切成1.5公分立方體；香菇去掉蕈柄並將蕈傘切成四塊。

4.平底鍋中放入沸水加入蒟蒻煮1分鐘，瀝乾水分並冷卻後縱切成四份，再斜切成3公釐厚的薄片。

5.在一個重的鑄鐵鍋或搪瓷鍋中加入少許芝麻油加熱，直到冒煙。翻炒豬肉後加入豆腐（若選用）、蒟蒻與所有蔬菜，但青蔥除外，豬肉顏色改變時加入高湯。

6.以中火將湯煮沸，撈去表面浮沫，直到湯看來較為清澈，將火調小煮15分鐘。

7.把味噌放入小碗中，與4大匙熱高湯混合，將1/3的味噌加入湯中並確認味道，視需要加入味噌。撒上青蔥後離火，把湯分盛在幾個湯碗中，撒上芝麻籽後趁熱上桌。

御雜煮

經過精心準備的新年御節料理通常由一小杯辛辣而暖和的清酒——御屠蘇開始，接著便是這道新年湯品——御雜煮，而其他的新年御節料理便一道道地上桌。

4人份

材料：

乾香菇4朵

雞肉300公克（去骨醃漬）

鮭魚肉片300公克（帶皮去鱗）

清酒2大匙

芋頭或菊芋50公克

白蘿蔔50公克（去皮）

紅蘿蔔50公克（去皮）

青蔥4棵，只用蔥白部分（修剪乾淨）

鴨兒芹莖4根（去掉根部）

柚子或檸檬1顆

生虎蝦4隻（去殼但保留尾部）

醬油2大匙

罐裝銀杏8顆（隨意）

麻糬8片

鹽

1.製作高湯：將乾香菇以1公升冷水浸泡一夜，撈出香菇後把水倒入平底鍋中煮沸，加入雞骨，以中火烹煮並不斷撈去表面浮沫。20分鐘後，以小火煮30分鐘，直到鍋中水分減少1/3，把高湯濾到另一鍋中。

2.把雞肉和鮭魚肉片切成小塊，一同放入加有1大匙清酒的沸水中煮1分鐘使其煮至半熟，瀝乾水分後以冷水洗去肉塊表面浮沫。

3.以一硬刷子刷洗芋頭或菊芋後去皮，將其放入一加入足量水可完全覆蓋芋頭或菊芋的平底鍋中，加一小撮鹽後加熱煮至沸。將火轉為中火，烹煮15分鐘後瀝乾。以流動的水沖洗以除去表面黏液，然後以廚房紙巾輕輕擦拭。將芋頭或菊芋、白蘿蔔與紅蘿蔔切成1公分的立方塊。

4.香菇切去蕈柄，蕈傘切片，將蔥白切成2.5公分長段。

5.把鴨兒芹放在濾網中，倒入熱水後分開葉和莖，將莖折一下，在中間打一個結，並以此方法打四個結。

6.將柚子或檸檬切成3公釐厚的圓片，挖空中間使其成為柚皮圈或檸檬圈。

7.剩餘清酒加入高湯中煮沸，加入白蘿蔔、紅蘿蔔與香菇，以中火烹煮15分鐘。

8.將虎蝦、芋頭或菊芋、青蔥、雞肉和鮭魚一同放入鍋中煮5分鐘後，加入醬油以小火烹煮，視個人喜好加入銀杏。

9.將麻糬縱向切開，以預熱的烤架烘烤，每分鐘翻一次面，直到兩面都變成金黃色且像氣球般開始充氣，這大概需要5分鐘。

10.迅速將烤好的麻糬分別放入湯碗中，倒上熱高湯，把鴨兒芹葉擺在每個碗的中央，上面放柚子或檸檬皮，再加上一個鴨兒芹結即可上桌。

天婦羅蕎麥麵

在烹煮日式麵條時，每個人都必須坐在桌邊等候用餐，因為麵條在煮好後會很快變軟並失去原味。

4人份

材料：

乾蕎麥麵條400公克
青蔥1根（切片）
七味粉（隨意）

天婦羅材料：

中等大小的生虎蝦或明蝦16隻
（去頭去殼但保留尾部）
冰水400ml
大雞蛋1顆（打散）
中筋麵粉200公克
植物油（用於油炸）

湯品材料：

味醂150ml
醬油150ml
水900ml
柴魚片25公克或袋裝柴魚片
（15公克）2袋
細砂糖1大匙
鹽1小匙
柴魚高湯900ml或等量水加入
2.5小匙的高湯粉

1. 煮湯：以一大平底鍋煮沸味醂，再加入高湯外其餘食材，再次沸騰時將火調小，撈去表面浮沫再煮2分鐘。把湯過濾到另一個乾淨的平底鍋中，再加入高湯。

2. 去掉蝦的沙腸，在每隻蝦的腹部劃上5淺刀，以剪刀夾住尾端，從尾部擠出多餘水分。

3. 製作麵糊：將冰水倒入一碗中，加入打散的雞蛋後慢慢調入麵粉，大致攪拌一下，此時應還有些未散開的麵粉塊。

4. 在一炒鍋或油炸鍋中將植物油加熱至180℃，抓住蝦尾巴沾裏一些麵糊後放入熱油中，每次炸2隻蝦至變酥脆並呈金黃色，以廚房紙巾吸去蝦的多餘油分並保溫。

5. 在一大平底鍋中加入至少2公升沸水，把麵條放入其中並不斷攪動以防止沾黏。

6. 水沸後，加入50ml冷水以降低水溫，當鍋中水再次沸騰時，再加入等量的水；如此煮出的麵條會比口感較硬的義大利麵更軟些。煮好後，把麵條倒入濾網中，以冷水沖洗，同時用手洗去麵條上多餘油脂。

7. 湯加熱，把麵條以熱水燙過後分放在幾個碗中，把炸好的蝦分別擺在麵條上並將湯倒入碗中。最後視個人口味，再撒些蔥花或七味粉即可上桌。

蕎麥麵

日本人夏天經常食用蕎麥涼麵，上桌時通常把蕎麥麵放在一竹製托盤上，搭配沾醬食用。他們喜歡這種麵條的口味，搭配上沾醬使其味道更加濃郁。

4人份

材料：

青蔥4根（切好）
海苔半片，約10公分方形
乾蕎麥麵400公克
管裝山葵醬1小匙或等量山葵
粉加入1/2小匙水

沾醬材料：

柴魚片30公克
醬油200ml
味醂200ml
水750ml

1.製作沾醬：先將所有沾醬原料放入一小平底鍋中，煮沸後再煮2分鐘。火調至中火再煮2分鐘，以粗棉布過濾冷卻後冷藏。

2.將青蔥在一碗冰水中浸泡5分鐘，瀝乾並擠出多餘水分。

3.以中火烘烤海苔直到變乾變脆後，用剪刀剪成約3公釐寬的短條狀。

4.在大平底鍋中加熱2公升水，水不得超過2/3高度。

5.水煮沸後加入蕎麥麵，散開麵條使其均勻分佈，並不停攪動以防止沾黏；水沸騰時再加入約50ml冷水，以降低水溫。

6.重複此過程，將麵條煮5分鐘或

依包裝指示時間烹煮，若要確定麵條是否已煮熟，可以筷子夾起一根麵條後以手指掐斷，其觸感應是軟硬適中。

7.將蕎麥麵放入濾網中，以流動冷水沖洗並同時用手揉搓，以去掉其表面的澱粉，此時麵條應很有彈性，並再度瀝乾。

8.把冷藏的沾醬分別盛入4個杯中，每位客人的山葵醬和青蔥均分別放在不同碟子裡。將蕎麥麵分別盛入4個盤子或籃子中，撒上海苔條，並搭配沾醬、山葵醬與青蔥一同上桌。

9.讓每位客人在沾醬中加入山葵醬和青蔥，食用時一手拿沾醬杯，用筷子從籃或盤中夾起少許蕎麥麵，放到杯中沾一下醬後吸入嘴裡。

烹調小技巧

其他可搭配的調味品包括：柚子或檸檬皮、白蘿蔔泥、大蒜薄片或新鮮薑末。

鍋燒味噌烏龍麵

烏龍麵是種白色的小麥麵條，在日本南部和西部比北部更受人們歡迎，可搭配多種冷熱不同的調味醬或湯品。在此所介紹的菜餚叫做鍋燒味噌烏龍麵，是以盛有味噌湯的陶鍋烹煮麵條。

4人份

材料：

雞胸肉200公克（去骨去皮）
清酒2小匙
油豆腐皮2片
高湯900ml或於等量水中加入
1.5小匙高湯粉
大的新鮮香菇6朵（去蕈柄，
蕈傘切成四塊）
青蔥4根（去根，切成3公釐長
的蔥花）
味酥2大匙
紅味噌或八丁味噌90公克
乾烏龍麵300公克
雞蛋4顆
七味粉（隨意）

1. 把雞肉切成小塊，灑上清酒醃15分鐘。

2. 把油豆腐皮放在濾網上以熱水徹底沖掉油脂後，放到廚房紙巾上吸乾水分，將每塊油豆腐皮切成4小塊。

3. 煮湯：以一大平底鍋加熱高湯至沸騰後放入雞肉塊、香菇與油豆腐皮煮5分鐘，離火並加入青蔥。

4. 小碗中放入味酥與味噌，加入2大匙湯拌勻。

5. 煮烏龍麵：以一大平底鍋煮沸至少2公升水，但鍋中水不得超過鍋子深度的2/3，烏龍麵放入鍋中煮6分鐘後瀝乾。

6. 把烏龍麵放入大陶鍋或砂鍋中（也可分放於4個小鍋中），將調好的味噌放入鍋中，試過味道並視需要再加入味噌。舀入足以完全覆蓋烏龍麵的湯，再把其他原料置於麵上。

7. 以中火加熱湯，打入雞蛋（煮一大鍋時4顆蛋全放），湯沸後再等1分鐘，加蓋離火，放置2分鐘後即可上桌（可視個人口味決定是否加入七味粉）。

雞蛋烏龍麵

在這道菜中，因加入了玉米澱粉而使得湯變得更稠，且可長時間保溫，是道冬日極佳的午餐。

4人份

材料：

　　烏龍麵400公克

　　玉米澱粉2大匙

　　雞蛋4顆（打散）

　　芥菜與水芹50公克

　　青蔥2根（切末）

　　鮮薑2.5公分長（去皮磨碎）

湯品材料：

　　水1公升

　　柴魚片40公克

　　味醂1.5大匙

　　醬油1.5大匙

　　鹽1.5小匙

1. 煮湯：一平底鍋中放入水與其他湯料，以中火加熱至沸騰，開始沸騰時離火放置1分鐘後，以粗棉布過濾並品嘗味道，視需要加鹽。

2. 在一大平底鍋中加熱至少2公升水，加入烏龍麵煮8分鐘或參考包裝指示時間烹煮。以流動冷水沖洗麵條並去掉澱粉後將麵條留在濾網上。

3. 把湯倒入一大平底鍋中加熱至沸騰，將玉米粉和4大匙水調和，火調至中並慢慢將玉米粉水倒入熱湯中，持續攪動幾分鐘，湯變稠後把火調小。

4. 在小碗中加入雞蛋、芥菜和水芹與青蔥，再次攪動湯使其產生漩渦，並緩緩倒入蛋汁。

5. 從水壺中倒出開水再次加熱烏龍麵後，將麵分盛在4個碗中並倒入湯，最後以薑末裝飾趁熱上桌。

烹調小技巧

　　製作時可使用超市販售的速食麵高湯包，根據包裝說明加水稀釋或使用瓶裝高湯。

水麵

在炎熱的盛夏，一碗以冷水浸泡還加有冰塊的水麵，再配上醬汁及開胃菜，絕對是道清新爽口的菜餚。

4人份

材料：

　　乾燥素麵300公克

沾醬：

　　味醂7大匙

　　鹽1/2小匙

　　醬油7大匙

　　柴魚片20公克

　　水400ml

開胃菜：

　　青蔥（修剪乾淨後切末）

　　新鮮生薑2.5公分（去皮磨碎）

　　紫蘇葉2片（切碎，隨意）

　　烘烤過的芝麻籽2大匙

裝飾：

　　小黃瓜10公分

　　鹽1小匙

　　冰塊

　　冰水

　　熟明蝦115公克（去殼）

　　蘭花或金蓮花與葉子

1.製作沾醬：先將味醂放入一中等大小鍋中，加熱使其酒精蒸發，加入鹽和醬油並輕輕搖動使其均勻混合。加入柴魚片充分混合後加水煮沸，以大火再加熱3分鐘，期間切勿攪動。離火後以粗棉布過濾，放冷後置於冰箱冷藏或在上桌前至少放置1小時。

2.準備黃瓜裝飾：若黃瓜的直徑超過4公分則將其縱向切開，挖出籽後再切成薄片。若選用小黃瓜則先將其切成5公分長段後，以削皮器去籽並在中間挖一個洞，再切成薄片。撒鹽並在濾網中放置20分鐘，以冷水沖洗後瀝乾。

3.大平底鍋中煮沸至少1.5公升水，煮水時打開成捆的素麵，並先備好75ml冷水，因素麵煮2分鐘即熟。麵條放入沸水中，水沸時加入冷水，再度沸騰時素麵便已煮熟。將其盛到濾網中，以流動冷水沖洗，除去澱粉並瀝乾。

4.在經冷藏的大玻璃碗中放入冰塊，加入素麵再倒上足以完全覆

蓋素麵的冰水後，擺上黃瓜片、明蝦與蘭花或金蓮花。

5.將所有的開胃菜分別置於小碟子或裝清酒的小杯中。

6.將大約1/3的沾醬分裝在四個小杯子裡，剩餘的沾醬裝在一個小罐或醬汁壺中。

7.冷素麵直接上桌，同時搭配開胃菜。客人可依個人喜好，隨意搭配小菜及沾醬。食用時，一手拿沾醬杯，另一手以筷子夾起少許素麵沾醬食用。視需要還可從小罐中再倒些沾醬或再加些開胃菜。

札幌拉麵

這種原料豐富，味道濃厚的湯麵來自日本最北部的島嶼——北海道的首府，札幌，加入生蒜末與紅辣椒油有暖身的作用。

4人份

材料：

　乾燥拉麵250公克

高湯材料：

　青蔥4根

　新鮮生薑6公分長（切成4段）

　生雞骨頭2塊（洗淨）

　大洋蔥1粒（切成4塊）

　大蒜4瓣

　大紅蘿蔔1條（大致切塊）

　蛋殼1個

　清酒120ml

　味噌（任一種類）6大匙

　醬油2大匙

配菜：

　豬腹肉115公克

　紅蘿蔔5公分長

　豌豆莢12片

　玉米筍8根

　芝麻油1大匙

　乾紅辣椒1條（去籽切碎）

　豆芽225公克

　青蔥2根（切末）

　大蒜2瓣（磨碎）

　辣椒油

　鹽

1.製作高湯：先用桿麵棍把青蔥和生薑壓碎，在一個大鍋中加入1.5公升水，再放入雞骨，煮至雞肉變色。水倒掉後將骨頭以流動冷水沖洗。

2.鍋中加入2公升水，放入雞骨、味噌和醬油外的高湯料，以小火煮2小時，撈去表面浮沫。煮好後以粗棉布過濾，但勿以手擠壓。

3.將豬肉切成5公釐厚的片狀，紅蘿蔔去皮縱切成兩半後，再切成3公釐厚，5公分長片。將紅蘿蔔、豌豆莢與玉米筍水煮3分鐘後瀝乾水分。

4.在一鍋中加熱芝麻油，煎豬肉片與紅辣椒，當豬肉顏色改變後加入豆芽，轉中火並加入1公升高湯煮5分鐘。

5.小碗中置入4大匙高湯，再加入味噌和醬油混勻，將其倒回鍋中並把火轉小。

6.再將2公升水煮沸，加入拉麵煮至變軟或依包裝說明操作，持續攪動，水沸時加入50ml冷水，麵條煮好後瀝乾水分，分別盛入四個碗中。

7.麵淋上熱湯，並擺上豆芽和豬肉，再加入紅蘿蔔、豌豆莢和玉米筍，撒上青蔥後，便可搭配蒜末及紅辣椒油食用。

東京拉麵

拉麵是一道以日式烹調法加工中國麵條的菜色，在日本的不同地區有著不同的拉麵，每一種都展現出地方特色，以下介紹的便是非常著名的東京拉麵。

4人份

材料：
乾燥拉麵250公克

高湯：
青蔥4根
新鮮生薑7.5公分長（切成4塊）
生雞骨頭2塊（洗淨）
大洋蔥1顆（切成4塊）
大蒜4瓣（去皮）
大紅蘿蔔1條（大致切塊）
蛋殼1個
清酒120ml
醬油約4大匙
鹽1/2小匙

叉燒：
豬肩肉500公克（去骨）
植物油2大匙
青蔥2根（切好）
新鮮生薑2.5公分長（去皮切片）
清酒1大匙
醬油3大匙
細砂糖1大匙

配菜：
水煮蛋2顆
筍乾150公克（泡水30分鐘後瀝乾）
海苔半片（弄碎成小片）
青蔥2根（切好）
白胡椒粉
芝麻油或紅辣椒油

1. 製作高湯：先用一把大刀的刀面或桿麵棍拍碎青蔥和生薑，在鍋中煮沸1.5公升水，加入雞骨頭煮至雞肉變色後，將水倒掉，並以水沖洗骨頭。

2. 鍋中加入2公升水煮沸，加入雞骨、醬油和鹽以外的湯料，小火燉至水餘1/2，撈去表面浮沫，後以粗棉布過濾。

3. 製作叉燒：以廚房用線將豬肉緊緊捲成直徑8公分。

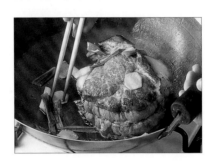

4. 將鍋洗淨並大火烘乾，加熱植物油至冒煙，翻炒切好的青蔥與生薑後加入豬肉，不斷翻面使其均勻受熱。

5. 灑上清酒後加入400ml水、醬油和糖，煮沸後加蓋以小火燉25-30分鐘熄火，且每5分鐘翻面一次。

6. 豬肉切下12片，剩下的可用於其他菜餚。

7. 將水煮蛋去殼後切開，並在蛋黃上撒些鹽。

8. 大平底鍋中倒入1公升高湯，煮沸後加入醬油和鹽，視需要加入醬油。

9. 以另一鍋煮2公升水沸後放入拉麵，依包裝說明煮至麵條變軟，需不停攪動以防止麵條沾黏。水沸時加入50ml冷水，瀝乾後分別盛入4個小碗中。

10. 倒入足以完全覆蓋拉麵的高湯，放上半顆雞蛋、豬肉片、筍乾與海苔片，再撒上青蔥。以白胡椒粉、芝麻油或紅辣椒油佐餐，可依口味再加些鹽。

蔬菜與海藻

日本料理幾世紀以來的精髓

即是利用時令蔬菜創造出和諧的成果

日式蔬菜料理營養豐富且脂肪含量低

以下將介紹各式令人垂涎的

結合蔬菜與菇類、海藻的典型日式料理

昆布燉蘿蔔

剛收穫的白蘿蔔非常多汁，在日本被譽為冬日蔬菜之王；這道菜以小火煨燉白蘿蔔搭配上濃味噌，而米則在吸收了辛澀的汁液後被去除。

4人份

材料：

白蘿蔔1公斤（切成4×5公分的厚圓柱體）

米（除泰國和印度香米外任一種均可）1大匙

八丁味噌100ml

細砂糖4大匙

味醂120ml

方形昆布20公分長

柚子皮1/4顆（以刨絲刀刮取，佐餐用，隨意）

1. 白蘿蔔去皮並修飾每塊的上下邊緣，置於一碗冷水中，瀝乾平放於平底鍋中。

2. 鍋中加入較白蘿蔔高3公分的水量，加入米以大火烹煮，水沸後以小火慢燉30分鐘。

3. 於鍋中混合味噌與糖並以1大匙味醂稀釋，以中火加熱且持續攪動至變稠後，再轉小火。烹煮過程中需不停攪拌，待味噌的粘稠度可沾在湯匙上時離火並保溫。

4. 輕輕地取出白蘿蔔（以牙籤測試，若已煮熟則可輕易刺入白蘿蔔）並依序置於平底篩子或盤中。以水沖洗白蘿蔔以去除澀汁，倒掉鍋中水並徹底洗淨鍋子。

5. 將昆布以濕布擦過後置於乾淨鍋中，重新置入白蘿蔔並倒入足以淹過白蘿蔔的水，以小火加熱15分鐘使白蘿蔔吸收昆布味道。

6. 將白蘿蔔分別盛入不同碗中，亦可挖去頂部一部分，在每塊白蘿蔔上淋上3-4小匙味噌，並視需要以柚皮絲裝飾，以湯匙取食，亦可作為甜點。

水燙菠菜

數世紀以來燙青菜在日本餐桌上均以配菜角色出現，時令蔬菜以水輕燙、放涼後做成小塔狀，佐以醬油與芝麻，即可盡嘗原味。

4人份

材料：

　　新鮮菠菜450公克
　　醬油2大匙
　　水2大匙
　　芝麻籽1大匙
　　鹽

1.將菠菜嫩葉以加入少量鹽巴的沸水汆燙15秒，若選用日本菠菜則手持莖葉部分，先將莖置於鍋中，15秒鐘後再將整棵菠菜放入鍋中煮20秒。

2.撈出後立刻瀝乾並置於流動冷水中，以手擠出水分，則原本大量的菠菜會變成約橘子大小的蔬菜團，調和醬油與水並淋在菠菜上，拌勻後放涼。

3.同時，以乾燥煎鍋炒芝麻並翻炒至爆開後離火放冷。

4.瀝乾菠菜並以手除去多餘醬汁，將菠菜以同方向置於砧板並切成直徑4公分的圓柱。

5.將菠菜柱分別盛於大盤或個別的碟子，撒上芝麻與少許鹽即可上桌。

烹調小技巧

　　日式菠菜以葉長且莖與粉紅色根完整無損的為佳，亦可使用一般的菠菜嫩葉或依個人口味，以任一種柔軟的深綠色蔬菜如豆瓣菜、箭生菜、野苣代替菠菜。

醋漬蘿蔔絲

被叫做「膾」的這道料理是新年御節料理中不可或缺的一環，白蘿蔔與紅蘿蔔搭配而成的亮眼菜色，因其代表著幸福而一直為眾多日本人所喜愛，這道菜需在食用前一天便開始準備。

4人份

材料：

白蘿蔔20公分

紅蘿蔔2條

鹽1小匙

細砂糖3大匙

米醋4.5大匙

芝麻1大匙

1.白蘿蔔切成三段並去皮，紅蘿蔔削皮並切成5公分長，先將這兩種材料縱向切片再橫向切成極細的火柴狀，也可以刨絲器刨切。

2.大碗中放入白蘿蔔與紅蘿蔔，撒鹽以手和勻後放置30分鐘，以濾網撈出並輕輕擠出多餘汁液後再放入另一碗裡。

3.在一碗裡調和糖與米醋並攪拌至糖完全溶解後，淋在白蘿蔔絲和紅蘿蔔絲上放置至少一天，期間需拌勻至少2-3次。

4.上菜時，將兩種蔬菜等量混合，盛在小碗或碟子中央，撒上芝麻即可食用。

烹調小技巧

這道沙拉可搭配切半的水煮蛋，蛋黃佐以少許蛋黃醬與醬油，並配上燻鮭魚黃瓜捲，可作為溫清酒的下酒菜。

花生醬菠菜

傳統日式料理很少使用油脂，在日式飲食中堅果一直是重要且最基本的食用油來源。在這道料理中，將花生被製成醬與菠菜搭配。

4人份

材料：

菠菜450公克

花生醬：

去殼無鹽花生50公克

醬油2大匙

細砂糖1.5小匙

高湯1.5大匙或等量溫水加一撮日式高湯粉

其他選擇

• 可以核桃或芝麻籽製成不同種類的醬。

• 蕁麻嫩葉與胡荽汆燙後以花生醬拌勻，可作出一道「不一樣」的日本料理。

1.製作花生醬：在研缽中搗碎花生，亦可使用電動研磨器。

2.小碗中倒入碎花生，加入醬油、糖與高湯攪拌均勻後，花生醬會像鬆軟的花生奶油。

3.將菠菜以沸水汆燙30秒鐘至葉子變軟，瀝乾後以流動冷水沖30秒鐘以冷卻。

4.再次瀝乾並輕輕擠出多餘水分，將碗裡的菠菜淋上花生醬並輕輕拌勻後，分別盛入個別的碟子或小碗。

鮮蝦燉蕪菁

這道菜是道顏色搭配得很高雅的料理，粉嫩的明蝦、白淨的蕪菁與翠綠的豌豆，猶同春日少女的和服。

4人份

材料：

小蕪菁8顆（去皮）

高湯600ml或等量水加1.5小匙
日式高湯粉

淡口醬油2小匙

味醂4大匙

清酒2大匙

中等大小的生虎蝦16隻（去頭
去殼，保留尾部）

米醋少量

豌豆莢90公克

玉米粉1小匙

鹽

1.蕪菁以沸水煮3分鐘後瀝乾，置入深平底鍋並加入高湯，以碟子壓住蕪菁，煮沸後加入醬油、1小匙鹽、味醂與清酒，轉小火加蓋燉30分鐘。

2.剔出每隻蝦的沙腸並丟棄。

3.將蝦以加醋沸水汆燙後瀝乾，豌豆以加入少量鹽巴的水煮3分鐘後完全瀝乾備用。

4.取走壓住蕪菁的碟子並將蝦放入湯中加熱4分鐘至熱透，蕪菁撈出瀝乾並個別置於碗中，蝦則盛入小盤中。

5.玉米粉以1大匙水調和，倒入煮蕪菁的鍋中，適度加溫並輕輕搖動平底鍋直至變稠。

6.將豌豆置於蕪菁上，並把蝦放在豌豆上，每只碗中再倒入約2大匙鍋中的湯即可食用。

雞鬆南瓜

在這道料理中，綿甜的南瓜就像馬鈴薯般，與雞鬆非常對味。

4人份

材料：

> 日本南瓜1粒（約500公克重）
> 柚子或檸檬1/2顆
> 豌豆莢20公克
> 鹽

雞鬆材料：

> 水100ml
> 清酒2大匙
> 雞瘦肉300公克（切碎）
> 細砂糖4大匙
> 醬油4大匙
> 味醂4大匙

1. 南瓜對半切開，去籽與其周圍的纖維，每塊再對半切開並切平果蒂。

2. 將每一小塊去皮，使每個南瓜塊上都留下綠皮與黃肉相間的條紋，如此既可保持南瓜皮下最可口的部分，又可在煮軟後具裝飾性。

3. 將南瓜塊切成一口大小後，依序置入平底鍋中，加入足以淹沒南瓜的水，撒鹽後加蓋以中火煮5分鐘，之後轉小火慢燉15分鐘至南瓜變軟。以叉子測試南瓜，若夠軟則離火加蓋靜置5分鐘。

4. 將柚子或檸檬切薄片，挖去果肉而留下環狀果皮，以保鮮膜蓋好備用。將豌豆以加入少量鹽巴的水汆燙後瀝乾備用。

5. 製作雞鬆：將水和清酒於平底鍋中煮沸，加入雞肉末，當肉的顏色改變時加糖、醬油和味醂，期間以攪拌器不停攪拌至水分完全收乾。

6. 將南瓜擺放於一個大平盤，撒上肉醬、擺上豌豆，並以柚子或檸檬環裝飾即可上桌。

烹調小技巧

可以豆腐製成素食醬，以廚房紙巾蓋好靜置30分鐘後用叉子弄碎，並續接步驟5。

三杯酢漬紅蘿蔔

這道口感清新的菜餚稱做「三杯酢」，浸在米醋、醬油與味酥中的紅蘿蔔絲，是較油膩的食物如照燒料理的最佳配菜。

4人份

材料：

　　紅蘿蔔2大條（去皮）
　　鹽1小匙
　　芝麻籽2大匙

甜醋醬汁：

　　米醋5大匙
　　淡口醬油2大匙
　　味酥3大匙

1.將紅蘿蔔切成火柴棒般5公分長的細條狀，置於一大碗中加鹽後以手拌勻，25分鐘後將紅蘿蔔以冷水洗過瀝乾。

2.取另一碗調和甜醋醬汁，並將紅蘿蔔以醬汁浸泡3小時。

3.取一平底鍋，以大火翻炒芝麻籽，期間需不斷攪拌直到出現爆裂聲，則離火放冷。

4.於砧板上切碎芝麻籽，將紅蘿蔔置於碗中，撒上芝麻籽即可以冷食上桌。

烹調小技巧

　　這種醬汁被稱做「三杯酢」，是日式料理中最基本的醬汁之一，若加入1大匙高湯稀釋，再加入芝麻籽與少許芝麻油，則可製成既美味又健康的沙拉醬汁。

味噌茄子

在這道料理中，大火煸炒的茄子裹上大量的味噌，務必確認在油剛開始冒煙時將茄子下鍋，如此茄子才不會吸收過多的油。

4人份

材料：

　　大茄子2條
　　乾紅辣椒1-2根
　　清酒3大匙
　　味酥3大匙
　　細砂糖3大匙
　　醬油2大匙
　　紅味噌3大匙（可用深紅的赤味噌或八丁味噌）
　　芝麻油6大匙
　　鹽

1.茄子切成一口大，置於濾網中撒鹽靜置30分鐘後以手擠去除澀汁，辣椒去籽切成環狀。

2.在杯中混合清酒、味酥、糖與醬油，並在另一碗中將紅味噌與3大匙水調和成糊狀。

3.以大鍋熱油並放入辣椒，鍋中冒白煙時放入茄子，並不時以烹飪用筷翻動，煎8分鐘或等茄子變軟後轉為中火。

4.將清酒醬汁倒入平底鍋中攪拌2-3分鐘，若醬汁著火則將火調小，加入味噌繼續翻動烹煮2分鐘後趁熱上桌。

其他選擇

　　可以甜椒代替茄子，取一紅、一黃、兩綠的甜椒，去籽切1公分長條後依步驟烹煮。

冷食蠶豆

冷食蠶豆是種全日本都可嚐到的傳統地攤小吃，其不尋常的色澤、風味與口感，使其成為夏天飲用冰清酒時的最佳下酒菜。

4人份

材料：

白蘿蔔200公克（去皮）
海苔1片
蠶豆1公斤（帶有豆莢）
1/4小匙管裝山葵醬或1/2小匙
山葵粉加1/4小匙水調和
醬油4小匙
鮭魚子4大匙
鹽

1.以刨絲器將白蘿蔔刨絲或使用食物調理機將其切碎，將白蘿蔔放在濾網瀝乾其汁液。

2.海苔撕成1公分平方小片。

3.在一小鍋中，將蠶豆以大量沸騰鹽水煮4分鐘，瀝乾後立刻以流動冷水冷卻並去皮。

4.取一小碗調和山葵醬與醬油，並加入海苔片（可依個人喜好烘烤過）、剝皮蠶豆混勻。

5.將蠶豆分別盛入4個小碗中，置於白蘿蔔上，以湯匙擺上鮭魚子

冷食即可，並提醒客人於食用前將所有材料拌勻。

烹調小技巧

• 日本人不吃蠶豆莢，當蠶豆盛產時人們會大量採購。將帶殼的豆子以海水般鹹的水煮熟，瀝乾後置於大碗中。拿起一個蠶豆莢並摘掉蒂頭，把亮綠色果仁擠進嘴裡。

• 烘烤海苔可使其質地變得鬆脆，口味更佳。在將海苔撕碎前，可把海苔邊緣以中火快速烤過。

什錦煎餅

這種煎餅的來源可追溯到二戰後的食物配給時期，當時麵粉被用來代替稻米，而高麗菜則成為主流。

8人份

材料：

中筋麵粉400公克

水200ml

大雞蛋2顆（打散）

一撮鹽

青蔥4根（粗略切段）

高麗菜400公克（切細絲）

植物油（煎煮用）

什錦煎餅醬汁或烏醋

英式芥末醬

蛋黃醬

柴魚片

青海苔粉

紅生薑

配料：

豬排225公克（去骨）

生蝦225公克（去頭去殼）

皇后扇貝115公克

1.豬排配料：將冷凍豬排冷藏室1-2小時後，待解凍至一半時，將半凍的豬肉以手掌壓在砧板上以利刃水平切成非常薄的薄片後備用。

2.製作麵糊：攪拌缽裡加入麵粉與水拌勻後加入雞蛋與鹽混合，再加入青蔥和1/3的高麗菜絲調勻；重複以上步驟，直到所有高麗菜絲都均勻裹上一層麵糊。

3.將一重煎鍋以大火加熱，鍋熱後以沾油的廚房紙巾抹油，當油開始冒煙時將鍋離火待10-15秒鐘後，直至不再冒煙，將火轉為中火並將鍋重新放上。

4.鍋的中間倒入一些麵糊，做成2.5公分厚，直徑10公分的圓形。

5.麵糊上撒1/8份的蝦和皇后扇貝，再擺上一些豬肉後以大湯匙輕壓。

6.當煎餅的邊緣已熟且表層開始變乾時，將煎餅推向鍋子邊緣，用兩個刮鏟劃入煎餅下方並朝自己的方向翻轉。以刮鏟輕壓煎餅使成直徑約15公分，厚度則約為原先的一半。

7.過2-3分鐘後翻面一次，若表面仍然潮濕則再翻面煎幾分鐘；當煎餅還在鍋中且豬肉片等配料朝上時，抹上醬汁並調味。首先抹上一些什錦煎餅醬汁或烏醋，再淋上山葵和蛋黃醬，並撒上柴魚片和青海苔粉。

8.將煎餅裝盤，並在製作另外七個煎餅時注意保溫，撒上紅生薑趁熱食用。

烹調小技巧

這道菜非常適合與客人一同在有烤盤的桌上享用，並隨做隨吃。

芝麻醬蒸茄子

這道秋季菜餚被稱做「茄子利休煮」，是道體現典型禪宗烹飪風格的菜餚，細心烹調的精選時令鮮蔬，冷食也相當美味。

4人份

材料：

大茄子2條

高湯400ml或等量水加入1小匙日式高湯粉

細砂糖1.5大匙

醬油1大匙

芝麻籽1大匙（以研缽磨碎）

清酒1大匙

玉米粉1大匙

鹽

配菜：

鴻禧菇130公克

四季豆115公克

高湯100ml或等量水加入1小匙日式高湯粉

細砂糖1.5大匙

清酒1大匙

鹽1/4小匙

醬油適量

1.茄子去皮切成四塊，以鹽水煮30分鐘。

2.茄子瀝乾後以蒸籠蒸20分鐘直到變軟，若茄子塊過長則切成兩段。

3.一大平底鍋中加入高湯、砂糖、醬油和1/4小匙鹽，輕輕加入茄子後加蓋以小火煮15分鐘，從

鍋中舀出幾杓湯與磨好的芝麻混勻後倒回鍋中。

4.徹底混合清酒和玉米粉後加入鍋中，輕輕搖晃鍋子，當醬汁變稠時離火。

5.在烹煮茄子的過程中，準備並

烹調配菜：洗淨鴻禧菇，切去底部較硬的部分，並剝成小塊，四季豆修剪並切半。

6.在一淺鍋中混合高湯、糖、清酒、鹽與醬油，加入青豆和鴻禧菇烹煮7分鐘至變軟，食用時將茄子和醬汁盛於碗中並加上配菜。

燉馬鈴薯

這是一道樸實卻很美味的菜餚，只要將一些當季的嫩馬鈴薯和洋蔥以高湯烹煮即可，隨著湯汁收乾，洋蔥變得綿軟、柔順，成為包裹著馬鈴薯的神奇外衣。

4人份

材料：

> 黑麻油1大匙
> 小洋蔥1顆（切細絲）
> 小馬鈴薯1公斤（帶皮）
> 高湯200ml或等量水加入1小匙
> 日式高湯粉
> 醬油3大匙

1.鍋中加熱黑麻油，加入洋蔥翻炒30秒後加入馬鈴薯持續翻動，以烹飪用筷翻動，直到所有馬鈴薯都浸上芝麻油。

2.倒入高湯和醬油並將火調至最小，加蓋煮15分鐘，每5分鐘翻動一次使其均勻受熱。

3.打開鍋蓋5分鐘使湯汁收乾，若湯汁所剩不多則離火加蓋靜置5分鐘後確認馬鈴薯熟度。

4.將馬鈴薯和洋蔥盛入大碗中，倒入醬汁即可食用。

烹調小技巧

　　日本廚師因芝麻的獨特芳香而使用烘焙芝麻油，若氣味太重則可混合一半芝麻油與一半植物油代替。

野菜天婦羅

在日本炎熱潮濕的夏日裡，禪宗僧侶食用油炸蔬菜以熬過苦修的疲累，儘管天婦羅的準備要下點功夫，還是可以如僧侶們般花些時間將過程當作藝文活動來享受。

4人份

材料：

萊姆汁或米醋1大匙

蓮藕15公分

甘薯半顆

茄子半條

植物油和芝麻油（油炸用，參見烹調小技巧）

紫蘇葉4片

青椒1顆（去籽，縱向切成2.5公分寬條）

南瓜1/8顆（切成5公釐厚的半月形）

四季豆4條（修剪過）

新鮮香菇4朵（修剪過）

秋葵4條（修剪過）

洋蔥1顆（切成5公釐厚洋蔥圈）

麵糊：

冰水200ml

大雞蛋1顆（打散）

中筋麵粉90公克（過篩，多準備一些備用）

冰塊2-3塊

配料：

白蘿蔔450公克

鮮薑4公分

沾醬：

高湯400ml或等量水加入2小匙日式高湯粉

醬油100ml

味醂100ml

1.沾醬：以一平底鍋混合所有材料，煮沸後離火備用。

2.小碗中倒入冷水、萊姆汁或米醋，蓮藕去皮和甘薯切成5公釐厚圓片後立即放入碗中以免變色，於下鍋前拭去水分。

3.將茄子水平切成5公釐厚條並縱向切半，以冷水浸泡直到下鍋前拭去水分。

4.配料：將白蘿蔔與鮮薑分別去皮並磨碎，擠出多餘水分。

5.以保鮮膜蓋住蛋杯，放入0.5小匙薑泥和2大匙蘿蔔泥，擠壓後置於碟上並製成4小球。

6.麵糊：攪拌缽中倒入冰水、蛋汁拌勻後加入麵粉，以筷子粗略調勻，切勿攪打，麵糊需呈塊狀再加入冰塊。

7.鍋中倒入深度1/2的油，加熱至油溫達150℃。

8.油炸紫蘇葉：握著葉柄將葉面在麵糊上拖動，使紫蘇葉面沾上麵糊再輕輕滑入鍋中，炸至葉子變脆且呈亮綠色。置於廚房紙巾上吸去多餘油脂，並以相同方法油炸蓮藕與甘薯，於一面沾上麵糊後炸至金黃。

9.油溫加熱至175℃，其他蔬菜撒上薄麵粉再裹麵糊，並甩去多餘麵糊，每次油炸2-3片至鬆脆，置於廚房紙巾吸去多餘油脂。

10.將沾醬分別盛在四小碗中並與配料放在一起，將天婦羅擺在一大盤子上即可食用，並依個人口味調和配料與沾醬。

烹調小技巧

• 若喜歡芝麻油的強烈氣味，則將芝麻油與植物油以1：2比例混合，若口味較清淡可在植物油中加入少許芝麻油。

• 沒有溫度計時，可將一小塊麵糊放入熱油中以確認油溫：油溫150℃時麵糊會沈入鍋底並停留約5秒鐘後浮起；當油溫達到175℃時，麵糊沈入鍋底後會立刻浮至表面。

醬油燉香菇

小火慢燉的香菇多汁味美，甚至有人稱其為「素食牛排」，被稱做含め煮的這道菜餚可在冰箱裡保存數週之久，又可作為其他菜餚的配菜。

4人份

材料：

    乾香菇20朵

    植物油3大匙

    醬油2大匙

    細砂糖1.5大匙

    黑麻油1大匙

1.在烹調的前一天泡香菇，將其置於裝滿水的大碗中，並在香菇上覆蓋一個碟子或蓋子以免香菇浮出水面，浸泡一夜。

2.從碗裡取出120ml水，以濾網瀝乾香菇後除去蕈柄。

3.以炒鍋或平底鍋熱油，大火翻炒香菇5分鐘後持續攪拌。

4.以最小火加熱泡香菇水、醬油與糖，持續攪拌並煮至不再產生蒸汽，加入黑麻油後離火。

5.靜置放涼，香菇切片後置於大盤子上。

其他選擇

    烹煮香菇飯：將慢火燉熟的香菇切成細條與600公克飯、1大匙細香蔥末混合，分別盛在碗中並撒上炒芝麻。

酒蒸時蔬鮮鮭

在這道料理中，蔬菜和鮭魚被包起並以清酒與其自身的水汽蒸熟。烹調時，包好魚和所有的蔬菜可能會有點困難，但當你打開時，會在其中發現一個多彩的秋日花園。

3. 紅蘿蔔切成薄片後，以造型切割器修成8-12片楓葉，青蔥切成兩段並剝好豌豆莢。

4. 裁出4片鋁箔紙，每片大小約為29×21公分；將鋁箔紙長的一側面向自己，於正中央擺好鮭魚和鴻禧菇，交叉擺上青蔥，再放上2朵香菇，將3-4只豌豆莢擺成扇形，再撒上幾片紅蘿蔔楓葉。

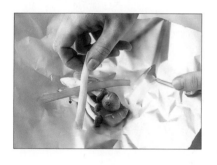

4人份

材料：

鮭魚肉600公克（去皮）
清酒2大匙
醬油1大匙（可多些以備用，隨意）
新鮮鴻禧菇約250公克
新鮮香菇8朵
紅蘿蔔2.5公分
青蔥2根
豌豆莢115公克
鹽

1. 烤箱預熱至190℃，鮭魚切成一口大小，以清酒與醬油浸泡15分鐘，瀝乾並保留醃汁。

2. 洗淨鴻禧菇並去除底部硬根，除去蕈柄，在每朵香菇的蕈傘上刻出一個小十字：以利刃切出一道淺口，在另一面切出約4公分長缺口後，旋轉90度小心地再刻出一道缺口。

5. 淋上醃汁和一撮鹽，將鋁箔紙折起包好，並重複此法製作另外3個小包。

6. 將其置於烤盤上，放入預熱的烤箱中烘烤15-20分鐘。當鋁箔紙膨脹成氣球的樣子時，料理就已完成，不用打開直接上菜，可視需要另加些醬油。

炸干貝香菇

在這道料理中，你可以嘗到三種口感：柔軟的香菇、搗碎的山藥味噌與多汁的扇貝。入嘴的那一剎那，此一組合會帶給你天堂般的口感。若用筷子不順手，大可試試使用刀叉的感覺。

4人份
材料：
　　新鮮干貝4個
　　新鮮大香菇8朵
　　山藥225公克（帶皮）
　　味噌4小匙
　　新鮮麵包粉50公克
　　玉米粉（撒上用）
　　植物油（油炸用）
　　雞蛋2顆（打散）
　　鹽
　　萊姆片4片（佐餐用）

1.將新鮮干貝水平切成兩片，撒鹽，並除去蕈柄。

2.在香菇蕈傘上刻出一個井字或十字，灑點鹽。

3.蒸籠加熱，將山藥蒸10-15分鐘或蒸至柔軟，可以竹籤測試並靜置冷卻。

4.山藥冷卻後去皮，將果肉於碗中完全搗碎後加入味噌調勻，再混入一半的麵包粉，剩餘麵包粉則置於一小碟子裡。

5.香菇蕈傘下填入山藥泥，以刀背抹平後撒上玉米粉。

6.在新鮮干貝上抹些山藥泥後放在蕈傘上。

7.再於新鮮干貝上抹1小匙山藥泥，塑形至完全覆蓋並確認所有材料確實黏合，重複此法製成8小球。

8.將油加熱至150℃，蛋汁置於淺容器中，香菇干貝球撒上玉米粉並沾些蛋液，因香菇與干貝都很軟故操作時請小心。裹上一層麵包粉後下鍋炸至金黃，以廚房紙巾取去多餘油脂，趁熱裝盤並配上萊姆片。

其他選擇

　　若有素食者，則可使用16朵香菇，將山藥泥夾在兩朵香菇間製成8份，並以相同方式油炸。

烹調小技巧

• 在切新鮮山藥時儘量不要碰觸流出的粘液，因有些人會過敏且起疹子，但在煮熟後大可放心食用。

• 若無法購得山藥，則可以甘薯或馬鈴薯與去皮朝鮮薊各115公克代替，將馬鈴薯與朝鮮薊蒸至變軟。

金針菇培根捲

這道料理被稱做「帶卷きエノキ」，帶是以培根捲住金針菇再烘烤，培根強烈的煙燻味與金針菇淡淡的味道搭配得正好。

4人份

材料：

新鮮金針菇450公克
培根6片
萊姆4片
白胡椒粉（佐餐）

1. 切去金針菇根部2公分，莖不必撕開，並將培根縱向切成兩片。

2. 將金針菇分成12把，培根置於金針菇中段，兩頭各保留2.5-4公分。

3. 小心地以培根捲起金針菇，將較短的金針菇塞進培根中並將培根稍向上捲，約蓋住金針菇4公分寬表面，培根捲末端以牙籤紮牢，並以相同方法製作其餘11把金針菇。

4. 烤架加熱至高溫，放上金針菇捲，兩面各烤10-13分鐘至肉脆，並於金針菇快烤焦時離火。

5. 金針菇捲置於砧板上，沿培根切成兩塊，裝盤時立起上半部，下半部則平放於旁邊，擺上萊姆片與白胡椒粉即可。

其他選擇

可以細香蔥代替金針菇，也可以用12公分長的蒜苗製作此道菜餚。

羊栖菜炒雞肉

羊栖菜的味道介於米飯和青菜間，它與肉、豆腐都能搭配，特別是先炒一下口味會更好。

4人份

材料：

乾羊栖菜90公克

帶皮雞胸肉150公克

半條小紅蘿蔔（約5公分）

植物油1大匙

高湯100ml或於等量水中加1/4

小匙日式高湯粉

清酒2大匙

細砂糖2大匙

醬油3大匙

七味粉或辣椒粉少許

1.羊栖菜泡水30分鐘，可輕易撕碎表示已可烹煮，將其置於篩子以流動冷水沖洗後瀝乾。

2.剝去雞皮並以開水將雞皮煮1分鐘至半熟時撈出瀝乾，以刀切除皮下黃色脂肪，並撕去皮脂間的透明薄膜，將雞皮切成約5公釐寬，2.5公分長細條，肉則切成小方塊。

3.紅蘿蔔切成火柴棒般細條。

4.以鍋熱油，將雞皮炒5分鐘直到金黃鬆脆並捲起，加入雞肉炒至變色。

5.加入羊栖菜和白蘿蔔快炒1分鐘後放入其他配料，改小火再炒5分鐘。

6.離火靜置10分鐘，上菜時盛入個別的小碗中，並依個人喜好撒上七味粉或辣椒粉。

烹調小技巧

現代人不太喜歡吃雞皮，因其熱量太高，而這道料理的皮下脂肪已被切去，大大地減少了脂肪含量。

醋漬海帶芽鮮蝦

這道料理頗有沙拉的感覺，選用的海帶芽不僅礦物質豐富，且富含複合維生素B與維生素C，甚至能令頭髮更有光澤。

4人份

材料：
> 乾海帶芽10公克
> 活虎蝦12隻（去頭但保留尾部）
> 半條小黃瓜
> 鹽

醬汁：
> 米醋4大匙
> 醬油1大匙
> 細砂糖1.5小匙
> 鮮薑2.5公分長（去皮切絲，裝飾用）

1.海帶芽於鍋中或碗中以冰水浸泡15分鐘直到完全展開，其體積約為原來的3-5倍，撈出瀝乾。

2.剝去蝦殼，並剔除沙腸。

3.蝦仁以加入少量鹽巴的水煮至捲曲後，撈出瀝乾並放涼。

4.將小黃瓜縱切成兩半，以削皮刀削下半邊皮而形成白綠長條，用湯匙挖出籽後將小黃瓜切成薄片，撒上1小匙鹽並在篩子中放置15分鐘。

5.海帶芽以開水汆燙後，瀝乾並以流動冷水沖涼，與黃瓜一同置於濾網中，擠出黃瓜和海帶芽多餘水分，且可重複此動作2-3次。

6.攪拌缽中加入醬汁的材料並攪拌至糖溶化，加入小黃瓜和海帶芽後拌勻。

7.盛入四個小碗中，將蝦仁擺在涼菜旁，並撒上薑絲即可。

其他選擇

若做成素菜，可以一些烤松仁代替蝦仁。

海菜什錦沙拉

這道海藻沙拉是典型日式料理的最佳範例：即同時兼顧美味與健康，各種海藻不只是營養豐富還是富含植物纖維的鹼性食物，而且它們幾乎不含卡路里。

4人份

材料：

乾燥海帶芽、乾燥褐藻、乾燥
羊栖菜各5公克
金針菇約130公克
青蔥2根
冰塊少許
黃瓜半條（縱向切開）
沙拉菜葉250公克

醃汁：

米醋4大匙
鹽1.25小匙

醬汁：

米醋4大匙
芝麻油1.5小匙
醬油1大匙
高湯1大匙或於等量水中加入
少許日式高湯粉
鮮薑2.5公分（磨碎）

1.海帶芽放入一碗水中浸泡10分鐘，褐藻與羊栖菜則於另一碗中浸泡30分鐘。

2.切去金針菇根部後，將每束切成兩半並撕開其間的莖。

3.青蔥切成4公分長條，以冰水浸泡使其捲曲後撈出瀝乾，將黃瓜切成半月形薄片。

4.海帶芽和金針菇以沸水煮2分鐘後，加入褐藻和羊栖菜煮幾秒鐘，立刻離火瀝乾並趁熱撒上醋和鹽再放涼。

5.在碗裡混勻醬汁的材料，沙拉蔬菜放入大碗中再擺上黃瓜，加入海菜與金針菇，以蔥絲裝飾再淋上醬汁即可。

白蘿蔔燻鮭千層餅

這道料理的原始做法需把鹹鮭魚片與白蘿蔔片置於木桶長時間醃漬，但現代版的作法則可使這道菜的口味沒這麼鹹且更容易製作。

4人份

材料：

白蘿蔔10公分（斷面直徑約6公分，去皮）

鹽2小匙

米醋1小匙

昆布5公分長（切成1公分寬長條）

燻鮭魚50公克（切成薄片）

白罌粟籽1/2小匙

1. 白蘿蔔切成薄圓片並撒上鹽和醋，加入剪好的昆布以手輕輕拌勻後，加蓋冷藏1小時。

2. 白蘿蔔置於濾網，以流動冷水沖30秒後瀝乾並擠出水分。

3. 將燻鮭魚切成4公分寬薄片，一片白蘿蔔上放一片鮭魚再放一片白蘿蔔。依序疊好所有薄片，放入淺容器中加蓋於室溫中醃漬一天。

4. 將其置於盤中，中央放入少量白罌粟籽即可食用。

烹調小技巧

• 以切片器削出如紙般的白蘿蔔片。

• 白蘿蔔以鹽醃漬擠乾水分後，需確認是否需沖洗，鹹淡程度取決於白蘿蔔水分多寡。

味噌漬黃瓜

黃瓜莖常因纖維太粗而被丟棄，但它醃過後的味道卻出奇得好。在這道被稱為「野菜味噌漬け」的料理中，味噌與蒜與其微妙的口味結合，使得這道料理非常適合作為下酒菜。

4人份

材料：

黃瓜莖3根（小花可用於其他菜餚）

黃瓜2條（切去兩端）

味噌200ml（種類不拘）

清酒1大匙

蒜1瓣（拍碎）

其他選擇

這道涼拌還可以用紅蘿蔔、蕪菁、球莖甘藍、西洋芹、紅皮白蘿蔔或高麗菜絲代替；蒜則可以薑、紅辣椒或檸檬皮代替。

1. 黃瓜莖去皮後縱切成4塊。

2. 以削皮刀將黃瓜削成5公釐寬的白綠條，取出瓜籽並縱向切半後，切成7.5公分長段。

3. 於有蓋的金屬或塑膠深容器中調和味噌、清酒與碎蒜，並舀出一半的味噌醬。

4. 將黃瓜莖與黃瓜放入容器中，填入味噌醬後再蓋上一些味噌醬。

5. 重複此一步驟做出多層次的黃瓜與味噌直到裝滿，加蓋後在冰箱裡放置1-5天。

6. 取出蔬菜並以流動冷水沖去味噌後，以廚房紙巾擦乾。將黃瓜莖切成兩半後再切條，黃瓜則切成5公釐厚的半月形，即可冷食上桌。

大豆、豆腐與雞蛋

豆腐的好處多得幾乎可以寫成一大本書

任何一道料理都能以它作為食材

豆腐柔滑的口感既能搭配食材又能吸收味道

豆類與雞蛋的用途也很廣

以其製作的料理

即使是最簡單的菜餚也是既健康又富飽足感

紅豆麻糬湯

傳統日式甜點經常使用紅豆，這道冬季甜湯作為兩餐間的點心食用，因易有飽足感，故一般不在飯後食用。

4人份

材料：

乾紅豆130公克
烘焙用蘇打粉少許
細砂糖130公克
鹽1/4小匙
麻糬4塊

烹調小技巧

忙碌的人可以此法簡單處理紅豆：於前一晚浸泡紅豆，第二日早晨撈出紅豆，於鍋裡煮開紅豆和水後移到保溫瓶中，密封並放至晚上即可直接從步驟4完成此道點心。

1.以1公升水浸泡紅豆一夜。

2.於大鍋中將紅豆與浸泡的水煮沸後，改以中火烹煮並加入烘焙用蘇打粉，加蓋煮約30分鐘後加入1公升水再度煮沸，轉為小火再燉30分鐘。

3.揀出一粒紅豆用手指捏，若毫不費力便捏碎即代表紅豆已經煮好；若無法輕易捏碎則再煮20分鐘直到熟透。

4.糖分成2份，一份放入鍋中攪拌均勻，煮3分鐘後加入另一份再煮3分鐘。

5.加鹽煮3分鐘，紅豆湯即已完成，改以最小火保溫。

6.麻糬對半分開，以中火烤至金黃鬆脆，並多翻幾次。

7.每碗中加入兩塊麻糬，淋上紅豆湯即可食用。

鮭魚煮黑眼豆

傳統上，在每年最冷的時節會以醃漬食品，如鹽漬鮭魚和乾燥蔬菜烹調這道料理，在此則選用新鮮鮭魚和蔬菜，這道菜餚可於陰涼處存放4-5天。

4人份

材料：

鮭魚片150公克（去骨去皮）

罐裝漬黑眼豆400公克

新鮮香菇50公克（去蕈柄）

紅蘿蔔50公克（去皮）

白蘿蔔50公克（去皮）

昆布5公克（約10公分長方塊）

水4大匙

細砂糖1小匙

醬油1大匙

味醂1.5小匙

鹽

新鮮生薑2.5ml（去皮切碎或磨碎，裝飾用）

1. 鮭魚切成1公分厚片，抹鹽醃1小時後洗過，並切成1公分方塊；以沸水煮30秒鐘至半熟後瀝乾，並以流動冷水小心地沖洗。

2. 薑縱向切片後將薄片相疊切絲，並置入冰水中浸泡30分鐘，撈出瀝乾。

3. 將黑眼豆罐頭中醃漬湯汁濾入鍋中，將黑眼豆與湯汁分開放置備用。

4. 將所有蔬菜切成1公分方塊，以餐巾或廚房紙巾擦濕昆布後剪成條。

5. 將鮭魚、蔬菜、海帶、黑眼豆、糖和1/4小匙鹽加入醃漬湯汁中煮沸後，改以小火烹煮6分鐘或直到紅蘿蔔煮熟為止。加入醬油再煮4分鐘，加入味醂後離火攪拌均勻並調味。靜置1小時後，以薑絲裝飾上桌。

咕咾豆腐

豆腐在西方被素食者視為肉的替代品，素菜的烹調最初是由中國僧侶傳入日本，他們發明不少以豆腐和大豆烹調的料理，不僅可口且富含蛋白質，這道料理則在傳統作法中加入現代元素。

4人份

材料：

豆腐2包（285公克裝）
蒜4瓣
植物油2小匙
奶油50公克（切成5塊）
水芹（裝飾用）

醃料：

青蔥4根
清酒4大匙
醬油4大匙（選用溜り醬油或
生魚片醬油）
味酥4大匙

1. 打開豆腐包裝並倒出水後，以三層廚房紙巾包住，擺上一個大盤子或砧板壓30分鐘，以便紙巾吸去多餘水分，此種作法可使豆腐更結實，且在烹調時外緣會較酥脆。

2. 青蔥均勻切成蔥花，與其他材料混合放入有邊瓷盤或鋁盤中15分鐘，亦可用淺碗代替。

3. 蒜切成薄片，以鍋熱油並加入蒜翻炒至金黃後撈出置於廚房紙巾，將油留置鍋中。

4. 攤開紙巾，將豆腐水平切開再各切成四塊，將其放入醃料中醃15分鐘。

5. 取出豆腐並以廚房紙巾擦乾，保留醃料備用。

6. 再度加熱油並加入一塊奶油，當油開始滋滋作響時改以中火烹煮，將豆腐一塊塊下鍋油炸，最好每次都炸同一面。

7. 加蓋將豆腐兩面各炸5-8分鐘，至邊緣金黃鬆脆即可，若邊緣將焦而中央仍是白色，則請把火轉小。

8. 醃料倒入鍋中煮2分鐘或煮至青蔥變軟，每個碟子盛4塊豆腐，淋上煮稠的醃料和青蔥再加入一塊奶油，撒些蒜片並擺上水芹即可趁熱上桌。

炸豆腐球

這道料理有許多不同作法，日文中炸豆腐球叫「ひりゅうず」意為「飛龍的頭」，以下為最簡單的作法之一。

16顆

材料：

豆腐2包（285公克裝）
紅蘿蔔20公克（去皮）
四季豆40公克
大雞蛋2顆（打散）
清酒2大匙
味醂2小匙
鹽1小匙
醬油2小匙
細砂糖少許
植物油（油炸用）

檸檬醬：

醬油3大匙
檸檬汁1/2顆
米醋1小匙

配菜：

白蘿蔔300公克（去皮）
乾紅辣椒2條（去籽切成對半）
細香蔥4根（剪碎）

1. 豆腐瀝乾並以廚房紙巾擦拭後，擺上一個大盤子或砧板壓2小時，直到壓出豆腐多餘水分且其重量減少一半。

2. 白蘿蔔切成4公分厚塊，每塊均用竹籤或筷子戳3-4個孔後塞入乾紅辣椒，置放15分鐘再磨成泥。

3. 製作豆腐球：紅蘿蔔切碎，四季豆切成5公釐長條後以沸水煮1分鐘。

4. 將豆腐、雞蛋、清酒、味醂、鹽、醬油和糖放入食物調理機打成泥，再將豆腐泥放到碗裡並加入紅蘿蔔和四季豆。

5. 鍋裡倒入4公分深植物油並加熱至185℃。

6. 以少許油浸濕廚房紙巾並以其擦濕手，舀2.5大匙豆腐泥放入手中並用雙手搓成球狀。

7. 小心地讓豆腐球滑入油鍋並炸至金黃，撈出後吸去多餘油脂，並以相同方法製作其他豆腐球。

8. 豆腐球擺在碟子中並撒上細香蔥，四個碗裡分別放入2大匙白蘿蔔泥，在碗裡混合檸檬醬的材料後，即可與豆腐球一起上桌。

炸豆腐

鮮嫩的豆腐裹上薄薄的麵糊炸至鬆脆後，浸在清淡的高湯中，這道味美又具飽足感的菜餚是典型的禪宗精進料理。

4人份

材料：

嫩豆腐2包（295公克裝）
植物油（油炸用）
中筋麵粉2大匙

醬料：

醬油50ml
味醂50ml
鹽少許
高湯300ml或等量水加1.5小匙
日式高湯粉

裝飾：

鮮薑2.5公分（去皮磨碎）
細香蔥蔥花4大匙

1.豆腐瀝乾：小心地打開包裝後以2-3層廚房紙巾包好，擺上一個大盤子或砧板壓30分鐘，直到豆腐多餘水分被廚房紙巾吸乾。

2.製作醬料：將醬油、味醂、鹽和高湯放入小鍋，以中火加熱並攪拌均勻，煮5分鐘後離火備用。

3.將薑末捏成四個小球備用。

4.解開豆腐並以另一張廚房紙巾擦乾，將一塊豆腐切成2.5×6公分的四小塊。

5.油加熱至190℃，將豆腐撒上麵粉下鍋炸至金黃後撈出，並以廚房紙巾擦乾。

6.四個小碗中各放兩小塊豆腐，再度加熱醬料並倒在豆腐周圍，最好不要淋到豆腐，豆腐上擺薑球並撒上細香蔥即可趁熱上桌。

烤油豆腐皮

揚げ或油揚げ是炸油豆腐皮，這道料理可以像中東白麵餅般填入餡料，在這道料理中填入的是碎青蔥和一些香料。日本人認為冬天吃青蔥可以預防感冒，而這道料理因加入蒜末所以其預防感冒的效果更是倍增。

4人份

材料：

油豆腐皮1包（每包兩片）

內餡：

青蔥4根（切成蔥花）
醬油約1大匙
蒜1瓣（磨碎或拍碎）
烤芝麻籽2大匙

1.油豆腐皮置於濾網，以熱水沖去表面油脂再以廚房紙巾擦乾。

2.油豆腐皮放在砧板上用桿麵棍桿過幾次，對半切開後打開切口使成兩個口袋，並以相同方法處理其他油豆腐皮。

3.在小碗中混合蔥花、醬油、蒜末和芝麻籽並試味道，若味道不夠可再加些醬油。

4.把內餡填入袋中，在預熱的烤架上兩面各烤3-4分鐘直至變得金黃酥脆。

5.把每塊油豆腐皮切成四個三角形，擺在四個小碟子中即可趁熱上桌。

烹調小技巧

若油豆腐皮不易切開，則可以圓刃刀插入後慢慢切開。

素串烤

此道料理是印度烤肉串風格，由豆腐、蒟蒻和茄子製成，約需要40根竹籤並在水中泡一晚以免烘烤時燒焦。

4人份

材料：

　　豆腐1包（285公克裝）
　　蒟蒻1包（250公克裝）
　　小茄子2條
　　黑麻油1.5大匙

黃綠醬：

　　白味噌3大匙
　　細砂糖1大匙
　　菠菜嫩葉5片
　　山椒1/2小匙
　　鹽

紅醬：

　　赤味噌1大匙
　　細砂糖1小匙
　　味醂1小匙

配菜：

　　白罌粟籽少許
　　炒芝麻籽1大匙

1.瀝乾包裝豆腐的水分後，以3層廚房紙巾包好，以一個大盤子或砧板壓30分鐘，直到豆腐多餘水分被紙巾吸收，將豆腐切成7.5×2×1公分大小。

2.瀝乾蒟蒻水分後對半切開，放入鍋中並倒入足以蓋住蒟蒻的水，水煮沸後再煮5分鐘，撈出瀝乾並切成6×2×1公分大小。

3.茄子縱切成兩塊後，再水平切成四塊，以冷水浸泡15分鐘後撈出瀝乾。

4.製作黃醬：在鍋中混合白味噌和糖，以小火烹煮並不斷攪拌使糖溶化，離火後倒一半於小碗中。

5.將菠菜葉以加鹽沸水輕燙30秒，瀝乾後以流動冷水冷卻，擠出多餘水分並切勻切碎。

6.研缽中放入菠菜葉並用杵搗成泥，將菠菜泥與山椒粉一起置於一小碗中，並加入味噌醬製成綠醬。

7.鍋中置入紅醬的材料，以小火加熱並不斷攪拌，直到糖溶化時離火。

8.各取一塊豆腐、蒟蒻和茄子，分別以兩根竹籤串好，將烤架加熱至高溫，茄子刷上黑麻油，兩面各烤7-8分鐘，期間不時翻轉幾次。

9.蒟蒻和豆腐兩面各烤3-5分鐘，至略微變黃時離火。

10.茄子抹上紅醬、豆腐一面抹上綠醬、蒟蒻的一面抹上黃醬再各烤1-2分鐘，茄子撒上罌粟籽、蒟蒻撒上芝麻籽即可。

家常燉菜

典型的日本家庭晚餐由三菜一湯與一碗米飯組成，其中一道菜通常就是這種燉菜。

4人份

材料：

乾香菇4朵

白蘿蔔450公克

厚炸豆腐2塊（每塊約200公克）

四季豆115公克（修整過並切成兩段）

米1小匙（泰國香米和印度白香米外任何品種均可）

紅蘿蔔115公克（去皮後切成1公分厚塊）

小馬鈴薯300公克（帶皮）

高湯750ml或等量水中1.5小匙日式高湯粉

細砂糖2大匙

醬油5大匙

清酒3大匙

味醂1大匙

1.乾香菇以250ml水浸泡2小時，撈出擠乾並除去蕈柄。

2.白蘿蔔去皮並切成1公分圓片，將邊緣修圓以利入味，之後放入水中。

3.厚炸豆腐置於濾網中，以熱水沖去表層油脂，瀝乾並切成2.5×5公分方塊。

4.四季豆煮2分鐘，瀝乾後以流動的水冷卻。

5.鍋中倒入足以蓋住白蘿蔔的水後加入米，煮開後改以中火煮15分鐘，瀝乾並除去米粒。

6.將厚炸豆腐、香菇、紅蘿蔔與馬鈴薯一起放入有白蘿蔔的鍋裡，倒入高湯，煮沸後改以小火煨燉，並經常撈去表面浮沫，加入糖、醬油、清酒並輕輕搖晃使醬料充分混合。

7.將防油紙剪成比鍋小1公分的圓形，放入鍋裡蓋住材料後，加蓋燉30分鐘或直到煮去一半水分，再加入四季豆煮2分鐘即可。

8.移去防油紙後加入味醂，嘗過味道後可視需要再加些醬油後離火。

9.將菜餚盛入大盤子中再倒入一點湯汁即可食用。

玉子燒

這道料理看來似乎很難但其實很容易製作，只需使用圓形或矩形平底鍋、一張壽司竹簾和保鮮膜，就能做出清淡香甜的玉子燒。

4人份

材料：

高湯3大匙或等量水中入少許
日式高湯粉
味醂2大匙
細砂糖1大匙
醬油1小匙
鹽1小匙
大雞蛋6顆（打散）
植物油

配菜：

白蘿蔔2.5公分長
紫蘇葉4片（隨意）
醬油

1. 於小鍋中加熱高湯，混合味醂、糖、醬油與鹽，加入打散蛋汁中並攪拌均勻。

2. 以中火熱鍋，將廚房紙巾泡在少許油中，並用以塗抹鍋底。

3. 倒入1/4蛋汁並使其均勻蓋滿鍋底，蛋成形時以筷子或抹刀朝自己的方向捲起。

4. 將蛋捲留置鍋內並推到最遠處，鍋內空間抹油後倒入剩餘蛋汁的1/3，用筷子夾起第一塊蛋捲，使蛋汁鋪滿鍋底。於蛋汁半熟時用筷子捲起並包住第一塊，如此即可製成多層次的蛋捲。

5. 將蛋捲擺在鋪有保鮮膜的壽司竹簾中捲緊，靜置5分鐘，重複第4、5步驟再做一份蛋捲。

6. 將白蘿蔔以磨茱板磨成泥，也可用食物調理機處理，並用手擠出多餘水分。

7. 蛋捲斜切成2.5公分厚塊。

8. 在四個小碟中分別墊一片紫蘇葉，放上幾塊蛋捲，再擺一些白蘿蔔泥並滴上幾滴醬油即可上桌。

茶碗蒸

這道美味的料理類似卡士達醬，但比西方的布丁更軟更黏，粉紅的明蝦和碧綠的銀杏將帶給你美味的驚喜！

4人份

材料：

帶殼銀杏（或罐裝）8粒
大虎蝦4隻（剝殼並去頭尾）
紅蘿蔔5公分長（切片）
鴨兒芹4根或細香蔥8根
雞胸肉75公克（去皮）
清酒1小匙
醬油1小匙
新鮮香菇2朵（除去蕈柄並切
成薄片）
鹽

蛋汁：

大雞蛋3顆（打散）
高湯500ml或於等量水中加1/2
小匙日式高湯粉
清酒1大匙
醬油1大匙
鹽1/2小匙

1. 小心地以堅果鉗打開銀杏殼，再將銀杏水煮5分鐘撈出瀝乾並撕去表皮。

2. 以牙籤除去每隻蝦背上的沙腸，以熱水燙蝦至其捲曲時撈出瀝乾並擦去水分。

3. 紅蘿蔔片以刀或模型切成楓葉狀，放入熱鹽水中氽燙後瀝乾。

4. 鴨兒芹去根，從頂端2.5公分處下刀切下莖並保留葉片，將莖對半切開以熱水燙過。若選用細香蔥則切成7.5公分長，同樣用熱水燙過。取2根鴨兒芹或細香蔥於中段打結。

5. 雞胸肉切丁，以清酒和醬油醃15分鐘。

6. 製作蛋汁：將所有材料放入碗裡，以筷子攪拌均勻後濾入另一只碗中。

7. 取一蒸籠，水沸後改最小火。

8. 將雞丁、香菇、銀杏、蝦子與紅蘿蔔片分裝到四個小杯中，再分別倒入一些蛋汁。

9. 擺上一些鴨兒芹莖或細香蔥，於小杯上蓋一片鋁箔紙後，依序放入蒸籠中以小火蒸15分鐘，可以牙籤插入茶碗蒸中，若液體清澈則表示已經蒸好可趁熱上桌。

其他選擇

• 若海鮮選擇魚貝類，則請選用扇貝、蟹肉、檸檬鰈（板魚）片和蘆筍。

• 若做成素食料理，則請選用半熟蕪菁、杏鮑菇、海帶芽和青蔥絲。

魚貝類

日本傳統料理中有許多既可口又健康的菜餚

均是以魚作為主要食材

有些料理的魚不需加工就非常鮮美

有些則採用許多不同的烹調法

包括醋醃、以昆布調味以及油炸製成天婦羅等

綜合生魚片

生魚片的裝盤和魚的鮮度一樣重要,可從每組魚中選2-5種,並選用當天捕撈到最新鮮的魚。

4人份

材料:

魚肉總重量500公克(共4組)

A組:去皮魚片(最好縱切)

鮪魚赤身、鮪魚肚肉、鮭魚、旗魚、鯛魚或南鯛、鱸魚、鰤魚(鰤魚幼魚)、鰹魚

B組:去皮魚片

比目魚、鰈魚

C組:

槍烏賊(去軟骨與皮並洗淨)、熟章魚鬚、扇貝貝柱

D組:

甜蝦(剝殼、頭,但可保留尾部)、海膽、鹹鮭魚子

佐菜:

白蘿蔔1根(去皮並切成6公分長條)

黃瓜1條

紫蘇葉4片

檸檬2顆(對半切開,隨意)

山葵醬3大匙或等量山葵粉加入4小匙水調和

溜り醬油1瓶

1.白蘿蔔絲:將白蘿蔔條縱向切成薄片後切成細絲,用流動的水反覆漂洗並瀝乾後放入冰箱。

2.將黃瓜切成3公分小段後,縱向對半切開。

3.將黃瓜平面朝下置於砧板上,均勻地切下,但不要切斷,然後把它們夾在手指間擠壓使呈扇狀展開,完成後覆以保鮮膜備用。

4.將A組魚片切成長方形,魚皮朝上切成1公分厚片。

5.將B組魚片皮朝下平放,用刀水平地沿紋理切成薄片。

6.C組魚片切法各不相同:熟章魚鬚切成5公釐厚卵形片、扇貝貝柱水平切半,若厚於4公分則切成3片。

7.切開槍烏賊體腔,使其去皮面朝下水平放置,從上到下每隔5公釐劃一刀後,依線切成條,D組材料則不需加工。

8.發揮創意將魚片裝盤:先取一把白蘿蔔絲於盤中堆成一大團或幾小團,其他花樣請依以下基本裝盤法處理:

A組和C組:像骨牌般排好魚肉,可以把魚肉放在一片紫蘇葉上。

B組:將薄片擺成一朵玫瑰花狀或使其部分重疊,且可透過魚片看到盤子質地。

D組:每2-3隻蝦以其尾抓成一捆,若海膽被緊緊地裝在小盒子裡,請試著將其單獨完整地取出。鹹鮭魚子可以擺在黃瓜片上,也可於去果肉後的檸檬皮裡放入白蘿蔔絲後再擺上鮭魚子。

9.排好黃瓜扇,加上山葵醬與紫蘇葉使整體更為完美,並立刻上菜:在四個盤子裡各倒入一些醬油與山葵混合,由於醬油很鹹,請以生魚片邊緣沾醬油食用。

柑橘醬半烤旗魚

這道料理是日本人從世界各國料理中擷取創意而發明的新菜色，並加入日本風格的典型例子，將鮮魚切成薄片或烤或醃，再以沙拉蔬菜裝飾。

4人份

材料：

- 白蘿蔔75公克（去皮）
- 紅蘿蔔50公克（去皮）
- 黃瓜1條
- 植物油2小匙
- 旗魚排300公克（去皮，逆著魚肉紋理切片）
- 芥菜和水芹2盒
- 烤芝麻籽1大匙

醬汁：

- 醬油7大匙
- 高湯7大匙或等量水加入1小匙
- 日式高湯粉
- 黑麻油2大匙
- 檸檬半顆的汁（取皮並切成細絲）

1. 蔬菜裝飾：以菜刀或刨絲器將白蘿蔔、紅蘿蔔和黃瓜削成約4公分長的細絲後，以冰水浸泡5分鐘，瀝乾並放入冰箱備用。

2. 混合調味汁的材料，攪拌均勻後冷藏。

3. 鍋中加熱植物油至冒煙再放入魚肉，兩面各煎30秒，放入裝有冰水的碗中降溫，以廚房紙巾吸去水分與多餘油脂。

4. 將魚排縱向對半切開後，逆著紋理切成5公釐厚魚片。

5. 在個別的盤子裡將魚片擺成環狀，混合蔬菜絲、芥菜、水芹和芝麻籽並用手抓鬆，最後擺成球狀，輕輕地放在盤中心的魚片上，將調味汁沿著盤子邊緣滴一圈即可上桌。

烹調小技巧

傳統上這道料理中的魚肉會沿著紋理切片，在此先縱向對半切開後，用刀與砧板水平地逆著紋理切片。

酪梨鮮鮭

這道可口的沙拉只能選用最新鮮的鮭魚製作，以萊姆汁與昆布高湯製成的醬汁「烹調」鮭魚再加上酪梨、熟杏仁果和沙拉蔬菜，並佐以味噌蛋黃醬。

4人份

材料：

新鮮鮭魚尾250公克（去皮切塊）

萊姆汁（1顆）

昆布10公分（以濕布擦淨，切成四條）

熟酪梨1顆

紫蘇葉4片（去莖，縱向切成兩片）

其他蔬菜如野苣、皺葉萵苣或箭生菜共115公克

杏仁果3大匙（切成薄片並在鍋裡加熱至呈褐色）

味噌蛋黃醬材料：

優質蛋黃醬6大匙

白味噌1大匙

黑胡椒粉

1.將魚尾從窄於4公分處切下，再把寬的一半縱向對半切開，如此魚塊就被切成3塊，其餘的魚尾也依相同方法切成3塊。

2.在寬淺的塑膠容器中倒入萊姆汁並放入兩片昆布，將鮭魚片平放於容器底部再鋪上剩餘昆布醃15分鐘，將魚翻面後再醃15分鐘。此時魚塊便像「被烹煮過」般會變成粉紅色，取出魚塊用廚房紙巾擦乾。

3.斜握菜刀將魚塊逆著紋理切成5公釐厚魚片。

4.切開酪梨，撒上一些使用過的醃料後，去核去皮再仔細地切成鮭魚片般厚片。

5.小碗內混合味噌蛋黃醬的材料，每片紫蘇葉背面抹上1小匙，再取1大匙以醃料稀釋。

6.將沙拉蔬菜平均裝盤，擺上酪梨片、鮭魚、紫蘇葉與杏仁果，再淋上味噌蛋黃醬。

7.或者可將每盤的酪梨片和魚片擺成塔狀，取1/8酪梨片置於盤子中心並稍稍重疊，加上一片背面朝下的紫蘇葉後，以同樣方法放等量魚片，並再度重複此步驟，排上沙拉蔬菜和杏仁果，再淋上些味噌蛋黃醬即可上桌。

果香海鮮沙拉

簡單地煎過白肉魚後，上菜時佐以蝦、桃子與蘋果汁製成不含油脂的沙拉，果香成為魚肉最鮮美的陪襯。

4人份

材料：

小洋蔥1顆（縱向切片）
萊姆汁
海鯛或海鱸切片400公克
清酒2大匙
大對蝦4隻（去頭去殼）
綜合沙拉蔬菜400公克

水果醬汁：

熟桃子2顆（去皮去核）
蘋果1/4顆（去皮去果核）
高湯4大匙或等量水加入1小匙
日式高湯粉
醬油2小匙
鹽和白胡椒粉

1. 冰水泡洋蔥絲30分鐘後瀝乾。

2. 煮沸半鍋水加入少許萊姆汁後放入魚片，30秒後取出魚片以流動水沖30秒後，切成8公釐厚。

3. 在小鍋裡倒入清酒並加熱至沸騰後，放入蝦烹煮1分鐘或直到蝦肉完全變為粉紅色。

4. 蝦子以流動冷水沖30秒冷卻，切成1公分厚。

5. 將1顆桃子切成薄片，其餘的以食物調理機打成果泥，並加些鹽，可視需要加入胡椒後冷藏。

6. 在四盤中擺些沙拉蔬菜，碗中混合魚片、蝦肉、桃子和洋蔥絲，加入剩餘菜葉並淋上果泥，拌勻後裝盤上桌。

烹調小技巧

這道沙拉當然能用刀叉取食，但醃漬魚片以木製餐具取食的滋味比使用金屬餐具好。

生鰈魚山葵沙拉

從17世紀醬油被普遍採用後，以傳統調味料搭配生魚片食用就成為歷史，但這些調味料卻重現於這道受西式沙拉啟發的菜餚中。

4人份

材料：

冰塊
新鮮肥厚的鰈魚400公克（去皮切塊）
綜合沙拉蔬菜300公克
紅皮白蘿蔔8條（切薄片）

山葵醬汁：

箭生菜葉25公克
黃瓜50公克（切碎）
米醋6大匙（選用玄米醋更佳）
橄欖油5大匙
鹽1小匙
管裝山葵醬1大匙或等量山葵粉加入1.5小匙水調和

1. 製作山葵醬汁：將箭生菜撕成條，和黃瓜、米醋一起以食物調理機或攪拌器打成醬後，倒入小碗中並加入山葵外其他材料，試味道並視需要加鹽再冷藏備用。

2. 可依個人喜好，在烹調期間冷藏上菜用的盤子。

3. 準備一碗加入一些冰塊的冰水，將鰈魚片縱向切半後，切成5公釐厚魚片並放入冰水，約2分鐘後魚片開始捲曲變硬，再取出以廚房紙巾擦乾。

4. 在大碗裡混合魚片、沙拉蔬菜和紅皮白蘿蔔，並在醬汁中加入山葵，與沙拉攪拌均勻即可上桌。

昆布漬鰈魚佐牡蠣沙拉

以米醋調味的牡蠣與檸檬鰈生魚片一起食用的風味極佳，在日本，菜單只以當日捕撈的鮮魚為主，這道料理的名稱為「ヒラメ昆布締めと生牡蠣のサラダ」。

4人份

材料：

新鮮檸檬鰈1尾（去皮切4片）
米醋7大匙
昆布4片（需足以蓋住魚片）
黃瓜50公克（切去兩端並去籽）
西洋芹莖50公克（去粗纖維）
蠶豆450公克（去豆莢）
檸檬1顆（半顆切成薄片）
核桃油4大匙
半顆石榴
鹽

漬牡蠣：

米醋1大匙
醬油2大匙
清酒1大匙
新鮮牡蠣12只（打開牡蠣殼）
白蘿蔔或紅皮白蘿蔔25公克（去皮切碎）
細香蔥8根

1. 魚片上撒鹽，冰箱冷藏1小時。

2. 碗中混合米醋與等量水，放入魚塊清洗後瀝乾，縱向切半。

3. 於工作臺上放一片昆布，將兩片魚去皮面緊貼於昆布上，再放一片昆布，如此重複處理所有魚片並冷藏3小時。

4. 黃瓜縱向切半後縱向切片，再斜切成寬2公分薄片，西洋芹亦依此方法處理。黃瓜撒鹽靜置30-60分鐘使其變軟，再擠出多餘水分，若太鹹可以清水漂洗，但洗完後需瀝乾。

5. 蠶豆以加入少許鹽的水煮15分鐘或直到變軟後撈出，以流動的水冷卻後瀝乾，剝皮並撒鹽。

6. 在小碗裡混合米醋、醬油和清酒，製成醬汁。

7. 將魚片切成薄片，可視個人喜好事先去除難嚼的昆布。

8. 在四個盤子中各放一小堆黃瓜和西洋芹，並鋪上一些檸檬片，以一些細香蔥裝飾。牡蠣置於黃瓜旁，放上些蠶豆後淋上1小匙醬汁，再放些碎白蘿蔔。另一邊擺上魚片，滴上一些核桃油和檸檬汁，再放上石榴籽即可上桌。

生干貝佐英式芥末

這道菜餚的日文名意為「帆立小鉢」，日式餐點中至少有三道或更多道菜餚，而這正是典型的供應量。在傳統的懷石料理中，十幾道小菜一道道接著上，而這道高雅的小菜便是其中之一。

2.將菊花瓣或其他花瓣置於濾網中，以熱水燙過後瀝乾，待冷卻輕輕擠出多餘水分備用，亦以相同方法處理豆瓣菜。

3.在碗裡混合醬汁材料，於上桌前5分鐘加入貝柱並攪拌均勻，小心不要弄碎貝柱。加入花瓣和豆瓣菜後，盛到四個小碗裡即可上桌，食用時可視需要加些醬油。

4人份

材料：

扇貝8只或皇后扇貝16只（洗淨並除去卵巢）

白菊花瓣1/4或1把可食的用花瓣，如金蓮花

豆瓣菜4束（只取用葉片）

醬汁：

醬油2大匙

清酒1小匙

英式山葵醬2小匙

1.將扇貝貝柱水平切成3片後對半切開，若選用皇后扇貝則水平切成2片。

烹調小技巧

• 任何白肉魚的生魚片均可用於烹調此道料理。

• 可以蔥花（僅取青蔥部分）代替豆瓣菜。

• 因可食用品種與觀賞品種不同，故請勿從自家花園中採摘菊花。許多日式商店均售有新鮮白菊花瓣與其他可食用菊花，或至亞洲商店購買乾貨。

鮪魚塊鐵火漬

這道料理被稱作「マグロぶつ」,在將大型魚如鮪魚或旗魚處理成生魚片時,日本的水產商會將其切成長條狀,在切去主要的部分後,切剩的部分將廉價出售。ぶつ即是切剩的部分,但卻有鮪魚生魚片的好品質。

<u>4人份</u>

材料:

極新鮮的鮪魚400公克(去皮)

芥菜和水芹1盒(隨意)

管裝山葵醬4小匙或等量山葵粉加入2小匙水調和

醬油4大匙

青蔥8根(僅取綠色部分,切碎)

紫蘇葉4片(縱向切成2片)

1.將鮪魚切成2公分立方,若選用芥菜和水芹,則將其綁成束或鋪在4個盤子或碗的底部。

2.於上桌前5-10分鐘,在碗中混合山葵醬與醬油後加入鮪魚塊和青蔥,攪拌均勻後醃漬5分鐘,盛入個別的碗中,撒上少許紫蘇葉後立即上桌。

香炸鯖魚

這道料理與冰鎮日本淡啤酒一起享用風味更好，被稱作「鯖龍田揚げ」的這道料理，同時也是道極佳的涼菜，相當適合與沙拉一同食用。

4人份

材料：

鯖魚675公克（切片）

醬油4大匙

清酒4大匙

細砂糖4大匙

蒜1瓣（拍碎）

新鮮生薑2公分長（去皮並磨成泥）

紫蘇葉2-3片（切成細條，隨意）

玉米粉（可撒在植物油裡，也可用於油炸時）

檸檬1顆（切成厚片）

1.以鑷子除去魚肉裡所有骨頭，將魚塊縱向切成兩半後斜切成小塊。

2.攪拌缽裡混合醬油、清酒、糖、蒜、薑泥和紫蘇葉製成醃料，加入鯖魚片醃20分鐘。

3.瀝乾魚片並以廚房紙巾輕拍後裹上玉米粉。

4.鍋中倒入足量的油加熱，將油溫保持在180℃左右油炸魚片，但須注意一次不要放太多下鍋油炸。油炸至魚片變成亮棕色，撈出並以廚房紙巾吸去多餘油脂，佐以檸檬片上桌。

其他選擇

由於紫蘇葉只能在日本食品店購得，若買不到則可用5-6片羅勒葉代替。

小魚南蠻漬

在數百年前，歐洲人或將油炸技術傳到日本的南蠻人，其影響仍可於這道被稱作「小魚南蠻漬け」的料理中充分體現。

4人份

材料：

鱷魚450公克

中筋麵粉（沾裹用）

小紅蘿蔔1條

黃瓜1/3條

小洋蔥2顆

新鮮生薑4公分長（去皮）

乾紅辣椒1根

米醋5大匙

醬油4大匙

味醂1大匙

清酒2大匙

植物油（油炸用）

1.以廚房紙巾擦乾鱷魚，將其與一把麵粉放入小塑膠袋中，封口後用力搖動，使魚塊裹上麵粉。

2.將紅蘿蔔和黃瓜切成長薄片，每顆小洋蔥切成3塊後切成細長條，薑切成細長絲後以冰水漂洗並瀝乾，將辣椒去籽並切成圈狀小片。

3.在攪拌鉢裡混合米醋、醬油、味醂和清酒，加入辣椒和蔬菜片醃漬並以筷子拌勻。

4.油鍋裡倒入足量的油並加熱至180℃，一次油炸5-6條小魚直至炸成金棕色，以幾層廚房紙巾吸乾油脂後，將其放入醃料中醃漬至少1小時，並不時攪拌一下。

5.上桌時將魚放入淺碗中，加入醃好的蔬菜即可，這道菜餚可在冰箱中保存一週。

其他選擇

亦可選用沙丁魚苗，其魚骨較硬故需油炸2次，熱油後將其炸至表面鬆脆但色澤較白，再以廚房紙巾瀝乾5分鐘，此程序可使小魚內部比裹粉更早煮熟，將小魚回鍋炸至顏色變成金棕色。

烹調小技巧

此道菜餚中使用的小魚可整隻食用。

酥炸鰈魚

在這道稱作「鰈唐揚げ」的菜餚中，魚肉及魚骨均炸得很酥脆，可依個人喜好一併食用魚骨、魚尾和魚頭。

4人份

材料：

小鰈魚或比目魚4尾（總重約
500-675公克，取出內臟）
玉米粉4大匙
植物油（油炸用）
鹽

佐料：

白蘿蔔130公克（去皮）
乾紅辣椒4根（去籽）
細香蔥1把（均勻切碎，約
50ml）

醬汁：

米醋4小匙
醬油4小匙

1. 以流動的水洗淨魚身，沿魚身中線從鰓至尾深切一刀後，將此線兩側的魚肉整片切下，注意刀面需與魚身平行。

2. 另一側也比照處理，切出4片魚片，將魚片放入盤中，兩面各撒些鹽並保留魚骨。

3. 以竹籤或筷子在白蘿蔔上戳4個洞，將辣椒塞入洞中15分鐘後再磨碎，並以手擠去多餘水分。蛋杯中置入1/4白蘿蔔泥，以手指壓緊後倒扣入盤子，並以相同方法製作另外3堆白蘿蔔泥。

4. 每片魚肉斜切成4片再放入塑膠袋中，加些玉米粉並輕輕搖動使魚裹上粉。以鍋熱油至175℃，一次油炸2-3片直至呈金黃色。

5. 將油加熱至180℃，魚骨撒上玉米粉後放入鍋中炸成金色，置於網架上5分鐘以瀝乾油脂。回鍋再炸一次直至鬆脆，再瀝乾5分鐘並撒些鹽。

6. 在碗裡混合米醋和醬油，將魚骨和魚肉裝盤，白蘿蔔泥置於一側，以一些小碟子盛放醬汁，食用時將白蘿蔔泥與醬汁混合，魚骨則和魚肉一同沾醬食用。

白蘿蔔燉槍烏賊

「烏賊と大根煮」是道傳統菜餚，其烹調的秘訣是母女代代相傳，如今恐怕只能在餐廳才能吃到純正的口味，不過有的老婆婆在家庭聚會時還是會烹煮這道營養豐富的菜餚。

4人份

材料：

槍烏賊450公克（洗淨並將觸手與體腔分開）

白蘿蔔約1公斤（去皮）

高湯900ml或等量水加入1小匙日式高湯粉

醬油4大匙

清酒3大匙

細砂糖1大匙

味醂2大匙

半顆柚子或檸檬（將皮刨絲裝飾用）

1.取下槍烏賊的鰭，將體腔切成1公分的環，鰭切成1公分長條，觸手先切去先端2.5公分後，再切成4公分長小段。

2.白蘿蔔橫切成3公分厚圓片，削去切面邊緣後放入冰水中，於烹煮前瀝乾。

3.將白蘿蔔和槍烏賊放入大鍋中並倒入高湯，煮沸後再煮5分鐘，需不斷撈去浮末；轉小火後加入醬油、清酒、糖和味醂，蓋上比鍋蓋小約2.5公分的防油紙燉45分鐘，偶爾晃動鍋並煮至水分收乾一半。

4.離火後靜置5分鐘，以小碗盛裝，撒柚子或檸檬皮即可。

烹調小技巧

購買白蘿蔔時需注意：其直徑至少應為7.5公分，且外皮光亮無損，敲擊時聲音厚實。

照燒鮭魚

這是道有名的日式菜餚，所用的香甜且具光澤的醬料，既能醃漬魚片又能為其增色。

4人份

材料：

帶皮小鮭魚片4片（每片重約150公克）

綠豆芽50公克（洗淨）

豌豆莢50公克（去蒂）

紅蘿蔔20公克（切細條）

鹽

照燒醬：

醬油3大匙

清酒3大匙

味醂3大匙

細砂糖1大匙（多備2小匙）

1.鍋中混合除備用的2小匙白砂糖外的照燒醬材料，並加熱使糖溶化後離火冷卻1小時。

2.魚片放入淺玻璃容器或瓷盤中，倒入照燒醬醃漬30分鐘。

3.以加入少許鹽的水煮蔬菜，先煮綠豆芽，1分鐘後加入豌豆莢，又1分鐘後加入紅蘿蔔條，再1分鐘後離火，瀝乾蔬菜並保溫。

4.烤架預熱至中溫，將魚片從照燒醬中取出，以廚房紙巾拍乾並保留照燒醬。烤架塗上些油後將

魚肉烘烤6分鐘，期間小心地翻面一次，直到兩面均呈金黃色。

5.將照燒醬倒入平底鍋中，放入剩下的白砂糖並加熱至溶化，離火後魚片上刷醬，烤至魚片表面冒泡時翻面再烤。

6.將蔬菜裝盤，放上烤好的鮭魚並淋上剩餘的照燒醬即可。

糖醋蟹肉

這道清新的夏日下酒菜，盤飾以黃瓜製成，可能的話請選用希臘黃瓜，其尺寸是正常黃瓜的1/3且水分更少。

4人份

材料：

　紅甜椒1/2顆（去籽）

　鹽少許

　熟白蟹肉275公克或165公克蟹

　肉罐兩罐（瀝乾）

　黃瓜300公克左右

糖醋醬：

　米醋1大匙

　細砂糖2小匙

　淡口醬油2小匙

1. 紅甜椒縱向切成細條，撒鹽靜置15分鐘，洗淨後瀝乾。

2. 製作糖醋醬：於小碗中混合米醋、糖與淡口醬油。

3. 以烹飪用筷撥鬆蟹肉，將其放入攪拌缽中與紅甜椒均勻混合後，分裝到4個小碗中。

4. 挖出黃瓜籽，以磨茉板或食物調理機將黃瓜磨碎後，以細網眼的濾網瀝乾水分。

5. 混合黃瓜末與糖醋醬，並於裝有蟹肉的小碗各倒入1/4醬汁，在黃瓜色澤變淡前冷食。

其他選擇

• 製作糖醋醬時最好選用淡口醬油，選用一般醬油亦可，但糖醋醬顏色會較深。

• 這種糖醋醬可做為醋油醬的低脂替代品：只需將糖量減半，並加入幾滴油即可。

烤梅肉沙丁魚捲

日本廚師試圖在其料理中嚐到並表達季節的味道，菜單中總是有些季節性食材。這道被稱作「イワシの梅卷き燒き」的料理正是秋季沙丁魚盛產時，人們用來慶祝豐收的佳餚之一。

4人份

材料：

沙丁魚8尾（洗淨切片）

鹽1小匙

梅乾4顆（總重約30公克，選用較軟的）

清酒1小匙

烤芝麻籽1小匙

紫蘇葉16片（每片縱切成兩片）

檸檬1顆（中心挖空，外皮切成薄圈裝飾用）

1.沙丁魚小心地縱切成兩半，並列排在大而淺的容器中，兩面各撒些鹽。

2.梅乾去核，將果肉放入小攪拌缽中，加入清酒與烤芝麻籽，以叉子背面將梅乾搗碎後，攪拌成柔軟的梅肉醬。

3.以廚房紙巾擦淨魚片，用奶油刀在魚片上薄薄抹上一層梅肉醬，再放上幾片紫蘇葉壓緊後，從尾部捲起並插入一根牙籤，以相同方法做出16個魚肉捲。

4.將烤架預熱至高溫並在烤盤中放張鋁箔紙，將魚捲排好且中間留空隙以免黏住，兩面各烤4-6分鐘或變成金黃色為止，中途翻面一次。

5.在4個盤子中各放一些檸檬圈，擺上烤熟的沙丁魚捲即可趁熱上桌。

烹調小技巧

沙丁魚容易變質，所以請於購買當天食用。購買時請注意：魚眼和魚鰓不能太粉紅，若魚肉在烘烤時如起司般「融化」，則千萬不可食用。

味噌芥末拌鮮蛤

日本人非常鍾情於甲殼類料理，而蛤蜊更是其中最普遍的一種。產季時，蛤蜊變得鮮甜而多汁，與此道料理中的酸甜醬一起食用風味極佳。

4人份

材料：

鳥蛤900公克或罐裝小蛤蜊300
公克或熟蛤蜊肉130公克

清酒1大匙

青蔥8根（白綠兩段分開後各
切成兩段）

乾燥海帶芽10公克

醬汁：

白味噌4大匙

細砂糖4小匙

清酒2大匙

米醋1大匙

鹽約1/4小匙

英式芥末醬1.5大匙

日式高湯粉少許（若選用罐裝
蛤蜊才需要）

1. 若選用新鮮蛤蜊或鳥蛤，將其外殼以流動的水沖洗，挑出已開口的並將其丟棄。

2. 小平底鍋中倒入1公分深的水，放入蛤蜊或鳥蛤，撒些清酒並蓋上鍋蓋。煮沸後以大火再煮5分鐘，離火靜置2分鐘並挑出未開口的蛤蜊丟棄。

3. 將殼內湯汁倒入小碗中，待殼稍涼時再取下蛤肉。

4. 將蔥白部分放入沸水中烹煮，2分鐘後放入綠色部分，再煮4分鐘後撈出瀝乾。

5. 在小平底鍋中混合味噌、糖、清酒、米醋和鹽，加入3大匙蛤蜊湯汁並攪拌，若選用罐裝蛤蜊則以等量水加高湯粉代替。

6. 以中火加熱平底鍋並不斷攪拌，糖溶化時加入英式芥末醬，試過味道後，視需要加些鹽並離火放涼。

7. 將海帶芽以一碗水浸泡10分鐘，瀝乾並擠出多餘水分。

8. 在碗中混合均勻蛤蜊、洋蔥、海帶芽與醬汁，全部擺在一個大碗中或分裝到4只小碗中即可上桌。

蝦仁玉米天婦羅

被稱作「かき揚げ」的這道菜餚是種既不昂貴又不正規的天婦羅，它僅是許多蔬菜烹調法中的一種，且是處理少量蔬菜的好方法。

4人份

材料：

　　熟蝦仁200公克

　　洋菇4-5朵

　　青蔥4根

　　罐裝玉米或冷凍玉米75公克
　　（需解凍備用）

　　冷凍豌豆2大匙（解凍備用）

　　植物油（油炸用）

　　細香蔥（裝飾用）

天婦羅麵糊：

　　冰水300ml

　　雞蛋2顆（打散）

　　中筋麵粉150公克

　　烘焙用蘇打粉1/4小匙

沾醬：

　　高湯400ml或等量水加入1小匙
　　日式高湯粉

　　醬油100ml

　　味醂100ml

　　細香蔥1大匙

1.蝦仁切成兩塊，洋菇切丁，切下細香蔥白色部分並切碎。

2.製作天婦羅麵糊：中型攪拌缽中混合冰水和蛋汁，加入麵粉和烘焙用蘇打粉，以烹飪用筷攪拌，但切勿打散麵糊中的麵粉塊，鍋中熱油至170℃。

3.在麵糊中混合蝦仁與蔬菜，將1/4的麵糊倒入一小碗中，然後慢慢地放入油鍋。油炸時以木杓小心地將整個麵團包成拳頭狀，炸至金黃色撈出，置於廚房紙巾上吸去多餘油脂。

4.在小平底鍋中混合沾醬材料，煮沸後立刻關火並撒上細香蔥。

5.在天婦羅上放幾根細香蔥裝飾，並佐以沾醬即可上桌。

炸蝦球

當時序將近中秋時，日本人會做些供品奉納給月亮，以慶祝秋天的到來，用來當作供品的食物，如小米製的糰子、栗子和蝦球都是圓形的。

14顆

材料：

生蝦仁150公克（去殼）

高湯5大匙或等量水加1/2小匙

日式高湯粉

大雞蛋1顆（僅取蛋白，打勻）

清酒2大匙

玉米粉1大匙

鹽1/4小匙

植物油（油炸用）

佐料：

碎海鹽1.5大匙

山椒粉半小匙

萊姆1/2顆（切成4片）

1. 以食物調理機或攪拌器攪打蝦仁、高湯、蛋白、清酒、玉米粉和鹽直到柔滑，並將肉漿置入小攪拌缽中。

2. 以鍋加熱植物油至175℃。

3. 取兩把甜點用湯匙，以少許植物油滋潤後，舀2大匙肉漿並用湯匙將其做成小圓球。小心地將丸子放入油鍋中，炸至呈現淡淡的金黃色時撈起，置於網架上瀝乾。重複以上步驟，一次製作一顆蝦球，直到用完所有的肉漿。

4. 混合碎海鹽與山椒粉並放入小碟子中，蝦球則擺在1只大淺盤或4只小碟中，佐以萊姆片即可趁熱上菜。

烹調小技巧

亦可依個人喜好，將碎海鹽與山椒以個別的碟子盛裝。

鐵板燒

許多日本家庭都有卡式爐和鐵板，有的則是桌子即嵌有爐面，主因是日本人喜歡邊煮邊吃。不妨嘗試一下！

4人份

材料：

鮟鱇魚尾275公克

大扇貝4枚（洗淨並除去卵巢）

槍烏賊體腔250公克（洗淨後去皮）

生大蝦12隻（去頭去殼，但保留尾部）

綠豆芽115公克（洗淨）

紅甜椒1顆（去籽並切成2.5公分寬長條）

新鮮香菇8朵（除去蕈柄）

紅洋蔥1顆（切成5公釐厚圓片）

節瓜1顆（切成1公分厚圓片）

蒜3瓣（縱切成薄片）

植物油（油煎用）

醬汁A：紅皮白蘿蔔與辣椒醬

紅皮白蘿蔔8個（磨碎）

乾紅辣椒1根（去籽切碎）

黑麻油1大匙

洋蔥1/2顆（細細切碎）

醬油6大匙

細砂糖2大匙

烤芝麻籽3大匙

橘子汁（半顆）或未加糖的橘子汁2大匙

醬汁B：山葵蛋黃醬

蛋黃醬7大匙

管裝山葵醬1大匙或等量山葵粉加入1大匙水調和

醬油1小匙

醬汁C：檸檬汁醬油

檸檬汁1顆量

檸檬皮1顆量

清酒4小匙

醬油6大匙

細香蔥1束（細細切碎）

1.製作醬汁A：在碗裡混合紅皮白蘿蔔泥及其汁和紅辣椒，以黑麻油在鍋中將洋蔥煎軟。

2.鍋中倒入醬油並加入糖和芝麻籽，將沸時離火，倒入碗裡並加入橘子汁拌勻放涼。

3.製作醬汁B和醬汁C：小碗中個別混合，蓋上保鮮膜備用。

4.鮟鱇魚切成鋸齒狀的5公釐厚塊，水平切開扇貝貝柱。

5.以小刀在槍烏賊去皮的面上刻花後，切成2.5×4公分片。

6.所有海鮮置於大淺盤一側，另一側擺上蒜之外的其他蔬菜，將醬汁A和C分裝到8個小碟中當沾醬，山葵蛋黃醬放入小碗中並附一把小湯匙，準備好碟子。

7.把爐面的鐵板燒熱並以刷子或廚房紙巾抹上油，先將蒜瓣烤成香脆的金黃色，撈出後可與任何一種醬汁混合。用餐時可依個人喜好選擇食材烘烤，沾醬汁或沾山葵蛋黃醬食用，期間需經常替鐵板抹油。

海鮮天婦羅

這道典型的日式料理其實源自西方，葡萄牙商人在17世紀時將天婦羅的作法傳到了日本。

4人份

材料：

生大蝦8隻（去頭去殼但保留尾部）

槍烏賊體腔130公克（洗淨去皮）

牙鱈肉115公克

新鮮香菇4朵（除去蕈柄）

秋葵8根

海苔1/8片（5×4公分）

冬粉20公克（每包裝約重150-250公克）

植物油和芝麻油

中筋麵粉（沾裹用）

鹽

沾醬：

高湯400ml或等量水加入1小匙日式高湯粉

醬油200ml

味醂200ml

配料：

白蘿蔔450公克（去皮）

生薑4公分（去皮磨碎）

天婦羅麵糊：

冰水

大雞蛋1顆（打散）

中筋麵粉200公克（過篩）

冰塊2-3塊

1.抽出蝦的沙腸後，在肚子上深切4×3公釐以防煮熟時捲曲，剪去蝦尾尖端，小心地擠出多餘水分後輕輕拍乾。

2.槍烏賊切開，內部朝下置於砧板刻花後，切成2.5×6公分方形，牙鱈肉亦切成此大小。

3.香菇蕈傘上切兩條凹口形成十字架形狀，將秋葵抹鹽後再以清水洗淨表面。

4.將海苔片縱切成長條，粉絲弄散並剪去頭尾，以海苔片將粉絲綁成四捆。

5.製作沾醬：在鍋裡混合配料，煮沸後離火並靜置保溫。

6.準備配料：白蘿蔔磨碎後瀝乾並擠出水分，蛋杯裡放保鮮膜，填入1/2小匙薑末和2大匙白蘿蔔泥，壓緊後倒扣在盤子裡，並製作另外三個。

7.加熱半鍋油：3份植物油加1份芝麻油，以中火加熱到170°C。

8.在此同時製作天婦羅麵糊：蛋汁中加入冰水，製成150ml的混合物後倒入大碗中，加入麵粉用

筷子攪拌但不需攪打，最後加入冰塊保溫。

9.秋葵沾麵糊炸成金黃色後，置於網架上瀝乾，香菇蕈傘內部沾麵糊油炸。

10.稍微提高油溫，用筷子夾住海苔片，將冬粉下鍋炸至鬆脆，以廚房紙巾吸乾多餘油脂並撒鹽。

11.以手握住蝦尾，裹上麵粉後沾麵糊，但切勿沾到尾部，將蝦沿鍋壁滑下炸脆，每次油炸1-2尾。

12.牙鱈裹上麵粉再沾麵糊炸成金黃色，將槍烏賊條擦乾後裹上麵粉，沾上麵糊，待麵糊炸脆後撈出。

13.將天婦羅放在網架上以瀝乾油脂，再裝到單獨的盤子中，旁邊擺上配菜，並提前加熱沾醬，再倒入四個小碗中。

14.上菜後，請客人將配料混入沾醬中，任選天婦羅沾醬食用。

烤醃旗魚排

中世紀的西京（古日本首都，今京都）文化十分複雜，貴族之間相互比較自家廚師技巧的高低，而今日許多經典的菜餚都來自那個時期，這道料理就是其中一種。

4人份

材料：

旗魚排4塊（每塊重175公克）

鹽1/2小匙

西京味噌或白味噌300公克

清酒3大匙

蘆筍：

醬油1.5大匙

清酒1.5大匙

嫩蘆筍8根（切去底部較硬處，每根切成三段）

1. 旗魚排放入淺盤子中，兩面撒鹽後醃漬2小時，瀝乾並以廚房紙巾擦拭。

2. 混合味噌與清酒，並將一半抹在洗淨的淺盤底部，蓋上一層洗碟巾般大小的對折薄紗棉布，之後再打開並將魚排整齊地擺上後閣上棉布，再把剩餘的醬鋪在棉布上，使魚肉保持和棉布接觸，放入冰箱中冷藏醃漬2天。

3. 烤架預熱至中溫並抹油，將魚排兩面各烤8分鐘，且每2分鐘翻一次，若魚排較薄，可於翻面時檢查是否已烤好。

4. 碗裡混合醬油和清酒，蘆筍兩面各烤2分鐘，放入碗裡沾過後兩面再各烤2分鐘，之後再度沾醬後放置備用。

5. 將烤熟的魚分裝到四個碟子，擺上烤好的蘆筍即可。

紙包清蒸南鯛

這道高雅的菜餚，其傳統作法是用以清酒浸泡過的日本手工紙，包住整隻南鯛後繫上絲帶，而這作法則較簡單一點。

4人份

材料：

南鯛4小片（尺寸不大於18×6
公分或取整隻20公分的魚，去
內臟，但保留頭、尾及鰭）

嫩蘆筍8根（切去底部較硬的
部分）

青蔥4根

清酒4大匙

檸檬1顆（半顆取皮磨碎，另
半顆切成薄片）

醬油1小匙（隨意）

鹽

1.魚片兩面撒鹽後置於冰箱20分
鐘，將爐子預熱至180℃。

2.製作紙包：在工作臺上放兩片
38×30公分的防油紙，從紙的1/3
處折起，將紙邊緣反折1公分形成
一個蓋子。

3.另一端同樣反折1公分，兩端互
扣做成一個長方形。

4.將矩形兩端的兩角折起來形成
三角形，並用手掌按平，以此方
法製作四個紙包。

5.蘆筍削去2.5公分後縱向對半切
開，將蘆筍莖和青蔥斜切成橢圓
形薄片，蘆筍以加入少許鹽的水
煮1分鐘瀝乾備用。

6.打開紙包，放入蘆筍片和青蔥
並撒些鹽，擺上魚肉再放些鹽和
清酒，最後撒些檸檬皮並合上紙
包。

7.於炸鍋中放入網架，並倒入熱
水至架下1公分處，將紙包放在網
架上，直接烹煮20分鐘，中途可
從一端翻開三角形紙片檢查魚肉
是否從半透明變成白色。

8.將紙包盛到四個碟子中，稍打
開兩邊和中間，插入一片檸檬與
兩片蘆筍即可上桌，請客人自己
打開紙包食用，亦可依個人喜好
再加些醬油。

雞肉蔬菜海鮮鍋

這道被稱作「寄り鍋」的料理，傳統上是以陶鍋烹煮，亦以陶鍋取食的。你可以使用一只砂鍋烹煮，另外還需要一個卡式爐。

4人份

材料：

鮭魚225公克（去鱗切成5公分厚帶骨魚排）

白肉魚（海鱸、鱈魚、鰈魚或黑線鱈）225公克（洗淨去鱗並切成4塊）

雞腿300公克（切成帶骨肉塊）

白菜葉4片（根部切齊）

菠菜115公克

大紅蘿蔔1條（切成5公釐厚圓片或花狀）

新鮮香菇8朵或杏鮑菇150公克（切去根與蕈柄）

蒜苗2根（洗淨斜切成5公分長段）

包裝豆腐285公克（瀝乾切成16個方塊）

鹽

火鍋湯底：

昆布12×6公分長

水1.2公升

清酒120ml

配料：

白蘿蔔90公克（去皮）

乾紅辣椒1根（去籽切成兩半）

萊姆1顆（切成16分）

青蔥4根（切碎）

包裝柴魚片2包（每包5公克）

醬油1瓶

1.將各種魚肉和雞塊擺放在一大盤中

2.大鍋燒開足量的水，白菜葉煮3分鐘後放入濾網瀝乾並放涼，水裡加一撮鹽，菠菜煮1分鐘後放入濾網以流動冷水冷卻。

3.擠乾菠菜的水分並放在壽司竹簾上捲緊，放置一段時間後解開並取出菠菜柱，白菜葉鋪在竹簾上，並放上菠菜柱再度捲緊放置5分鐘後解開，切成5公分長段。

4.把蔬菜柱移到淺盤中放在蔬菜和豆腐旁。

5.陶鍋或砂鍋中放入昆布，在一小碗裡混合水與清酒。

6.以烤肉籤在白蘿蔔切面上插幾個洞並將紅辣椒塞進洞中，靜置5分鐘後磨碎，放入濾網中擠出多餘水分。將白蘿蔔泥擺成一堆並

放入碗中，其他調味料則放入另外幾只小碗中。

7.陶鍋或砂鍋倒入2/3的水和清酒混合液，燒開後轉小火。

8.將紅蘿蔔、香菇、雞肉和鮭魚放入鍋中，待肉變色時再加入其他所有材料。

9.客人們可在小碗中放些醬油並擠些萊姆汁，再加入配料混合，以筷子夾取食物沾醬食用，食用時可自由選取各種蔬菜下鍋烹煮，湯變少時加些水與清酒即可。

關東煮

關東煮既美味又容易烹調，因為在許多亞洲食品店中都能買到各種魚丸、魚餅，但你仍需要一只大陶鍋或砂鍋和一個卡式爐。

4人份

材料：

　　昆布30×7.5公分
　　白蘿蔔675公克（去皮後切成4公分長條）
　　魚丸和魚餅12-20個（每種4個）
　　蒟蒻1塊
　　厚炸豆腐1塊
　　香菇8朵（除去蕈柄）
　　中型馬鈴薯4顆（不去皮浸泡在水中，可去除一些澱粉）
　　水煮蛋4顆（去殼）
　　包裝豆腐285公克（切成8個方塊）
　　英式芥末醬（佐餐用）

高湯：

　　高湯1.5公升或於等量水中加2小匙日式高湯粉
　　清酒5大匙
　　鹽1大匙
　　醬油8小匙

1. 用乾淨濕餐布包住昆布5分鐘或至其柔軟，可用手捲曲且不折斷時才打開，剪成兩半後每片縱向切成4條，每條正中間打個結。

2. 白蘿蔔塊稍削去些邊緣，並將所有魚丸、魚餅、蒟蒻和厚炸豆腐放入鍋中，並加入足以蓋住所有材料的熱水。

3. 蒟蒻切成4塊，每塊斜切兩半成8塊三角形，將大魚餅切成兩半，取4根竹籤，每根串2朵香菇。

4. 混合所有湯料後取2/3倒入陶鍋或砂鍋，加入白蘿蔔和馬鈴薯燒開，放入水煮蛋以小火燉1小時，中途需不時掀蓋以撈去浮沫。

5. 轉至中火並加入其他材料，加蓋再煮半小時後，移到卡式爐上以最小火保溫，配上英式芥末醬即可食用，待湯煮剩一半時可加入高湯至滿。

其他選擇

　　魚丸以180℃熱油炸至金黃色。

細香蔥魚丸： 去皮鱈魚塊150公克切碎、皇后扇貝50公克、蛋白1顆、薑汁2小匙、玉米粉1大匙、鹽1大匙、清酒1小匙，全部放入食物調理機中打勻，再加入1大匙細香蔥蔥花即可。

蝦球： 蝦仁200公克、豬肉脂肪50公克、薑汁1大匙、蛋白1顆、鹽1大匙、玉米粉1大匙，全部放入食物調理機中打勻，製成蝦球。

薑味花枝丸： 槍烏賊肉末200公克、蛋白1顆、玉米澱粉1大匙、薑汁2小匙、鹽1大匙，全部放入食物調理機中打勻，加入碎薑2小匙做成槍烏賊丸。

家禽與肉類

大部分的日本料理

將肉視為替蔬菜與米飯增添風味的食材

就連最經典的肉類料理——壽喜燒

都使用大量的各式青菜和肉搭配

沾醬和高湯亦可用來增加肉品的風味

日式烤雞肉串

日本人喝酒時常配上小吃，這種小吃通常叫做下酒菜，沾著燒肉醬吃的日式烤雞肉串是最普遍的下酒菜之一，且日本也有許多很棒的串燒店。

4人份

材料：
帶皮雞腿8隻（去骨）
青蔥8根（切齊）

燒肉醬：
清酒4大匙
醬油5大匙
味醂1大匙
細砂糖1大匙

佐料：
七味粉、山椒粉或萊姆片

1.在小鍋裡混合燒肉醬的材料，燒開後以小火燉10分鐘或直到醬變稠。

2.雞肉切成2.5公分長方塊，青菜切成2.5公分長條。

3.烤架預熱至高溫並以油滋潤，將雞肉塊排在烤架上，烤至兩面滴油時取下，沾醬後再烤30分鐘，重複以上沾醬、烤肉的步驟2次。

4.將雞肉擱置保溫，青蔥慢慢烤軟直至稍稍變黃，取8根竹籤，在每根竹籤串上4塊雞肉和3塊青蔥。

5.亦可做成燒烤：前一晚便將竹籤泡在水中，可防止燒烤時竹籤燒焦，如步驟4般先做好肉串，醬裝在小碗中並附一把刷子。

6.以烤架烘烤肉串，注意手拿竹籤處需遠離火並經常翻轉，直到雞肉兩面都開始滴油，刷上燒肉醬，再烤，再刷醬，重複兩次直到雞肉烤熟。

7.將烤好的肉串擺在大淺盤中，撒些七味粉或山椒粉或配上萊姆片即可上桌。

烤雞肉丸子

這些可口的雞肉丸子是日本串燒店常見的菜色，也是人們最喜歡的家常菜，因為孩子們可以直接拿著竹籤食用。雞肉丸子可以事先做到步驟2並冷凍備用。

4人份

材料：

去皮雞肉300公克（絞碎）

雞蛋2顆

鹽1/2小匙

中筋麵粉2小匙

玉米澱粉2小匙

麵包粉6大匙

生薑塊2.5公分（磨碎）

燒肉醬：

清酒4大匙

醬油5大匙

味酥1大匙

細砂糖1大匙

玉米粉1/2小匙（與1小匙水調和）

佐料：

七味粉或山椒粉（隨意）

1.前一晚將8根竹籤泡在水中，以食物處理器把薑以外其他做丸子的材料打成肉漿。

2.將手弄濕，舀一大匙肉漿放在手掌中，揉成高爾夫球一半大小的丸子，並以此方法做30-32顆肉丸子。

3.將碎薑的汁液擠到小攪拌缽中，但把薑末撈出丟棄。

4.薑汁加入裝有開水的小平底鍋中，放入丸子煮7分鐘或直至肉變色，且丸子浮到水面為止，以漏杓舀出放在鋪著廚房紙巾的碟子中吸乾水分。

5.小平底鍋中放入燒肉醬的材料，但玉米粉漿除外，燒開後以小火燉10分鐘或直到醬開始變少，加入玉米澱粉漿攪拌，直到醬變稠後盛入一小碗中。

6.每根竹籤串上3-4顆丸子，放在烤肉架上烤幾分鐘，注意手拿竹籤處需遠離火，中途不斷翻轉，直到丸子變金黃色時，刷上醬再烤，重複以上步驟2次，撒上七味粉或山椒粉（可依個人喜好）即可上桌。

馬鈴薯燉雞塊

日本料理中另一種常見的烹飪法，是將少許肉和各種青菜一起以高湯燉煮，此作法被稱為「炒り取り」。

4人份

材料：

雞腿2隻，約200公克（去骨留皮）

大紅蘿蔔1條（削皮）

蒟蒻1塊

山藥或小馬鈴薯300公克

罐裝竹筍500公克（瀝乾）

植物油2大匙

高湯300ml或於等量水中加1.5小匙日式高湯粉

調味汁：

醬油5大匙

清酒2大匙

細砂糖2大匙

味醂2大匙

1.雞肉切丁，紅蘿蔔斜切成2公分厚滾刀塊。

2.蒟蒻以沸水煮1分鐘，取出後以流動的水冷卻，縱向切成5公釐厚長方條，在每條中切一4公分長裂縫但不要切斷，將蒟蒻朝裡小心翻成花形，並以相同方法處理其他蒟蒻條。

3.山藥去皮對半切開，放入濾網並撒適量鹽，搓勻後以流動的水沖淨並瀝乾，若選用馬鈴薯則直接去皮對半切開即可。

4.罐裝竹筍對半切開後，切成和紅蘿蔔一樣的形狀。

5.平底鍋裡倒入植物油加熱，雞塊炒至白色時，放入紅蘿蔔、蒟蒻、山藥和竹筍，每加入一種材料時便攪拌均勻。

6.高湯燒開後煮3分鐘，改以中小火烹煮，加入調味汁並加蓋燉15分鐘或直到湯快收乾時，期間需不斷地晃鍋以免燒焦。

7.山藥變軟後離火，將雞肉和青菜以大碗裝盛即可上桌。

烹調小技巧

切山藥時會流出黏液，用鹽和水漂洗山藥是去除黏液的最佳辦法。

馬鈴薯燉肉

這是道典型的傳統日式家常菜，常被稱為「老媽的拿手菜」，而且也很適合作為應急料理，簡單易煮，也不需要買昂貴的高級牛肉。

4人份

材料：

牛肉塊250公克（切薄片）

大洋蔥1顆

植物油1大匙

小馬鈴薯450公克（對半切開泡水）

紅蘿蔔1條（5公釐圓片）

冷凍豌豆3大匙（解凍後以沸水燙1分鐘）

醬汁：

細砂糖2大匙

醬油5大匙

味醂1大匙

清酒1大匙

1.牛肉片切成2公分寬肉條，洋蔥縱向切成5公釐的絲。

2.以平底鍋加熱植物油，稍煎一下牛肉和洋蔥絲，肉變色時將馬鈴薯瀝乾並放入鍋中。

3.當馬鈴薯都沾上油時加入紅蘿蔔，倒入足以蓋住食物的水並燒開，需不時撈去浮沫。

4.大火煮2分鐘，將馬鈴薯壓至鍋底，使其他材料蓋在馬鈴薯上，轉為中小火並加入所有醬汁，鍋蓋不需蓋緊，燉20分鐘或直到水快收乾為止。

5.檢查馬鈴薯是否熟透再放入豌豆，煮熟後離火，將牛肉和蔬菜分裝到四個碗中即可。

半烤牛肉捲

在烹製嫩牛排時，日本廚師會用一種叫たたき的烹調法，將長竹籤叉上牛肉以火烘烤後放入冰水中，將烤架放在熱源上即可烹製這道菜餚。

4人份

材料：

牛大腿肉500公克（長而薄的肉塊較圓又厚的好）

鹽適量

植物油2小匙

醃料：

米醋200ml

清酒4.5大匙

醬油135ml

細砂糖1大匙

蒜1瓣（切成薄片）

小洋蔥1顆（切成薄片）

山椒

盤飾：

紫蘇葉6片與紫蘇花（若可取得）

黃瓜15公分長

萊姆半顆（切成薄片）

蒜1瓣（切碎，隨意）

1.在小平底鍋裡混合醃料的所有材料，加熱直至糖溶化即離火冷卻。

2.牛肉上均勻抹鹽，並把鹽擦進牛肉，靜置2-3分鐘後用手替牛肉抹油。

3.取一隻大攪拌缽裝足夠的水，在爐子上放一個烤架或將鐵板加熱至高溫，烤肉時不斷翻轉直到表面以下5公釐烤熟為止，並馬上將肉放入水中降溫，最好不要在牛肉上留下網眼烙印。

4.牛肉以廚房紙巾或餐巾擦乾後，完全浸入醃料醃漬1天。

5.第二天準備盤飾：紫蘇葉縱向對半切開後，縱向切成細絲，黃瓜斜切成5公釐厚的橢圓形薄片，再將每片切成火柴棒般的細絲，若選用普通黃瓜則請先去籽。

6.從醃料裡取出牛肉，將剩餘醃料以濾網過濾，將其汁液、醃過的蒜和洋蔥備用。

7.牛肉切成5公釐厚肉片。

8.黃瓜絲擺在大盤中堆成一堆，蒜和洋蔥擺在其上，將牛肉片如生魚片般，一塊挨一塊斜放在黃瓜絲上或旁邊，也可將牛肉片擺成扇形，若肉片夠大還可以把它捲起來。

9.將紫蘇葉散擺於牛肉上，放幾朵紫蘇花和幾片萊姆，再端上幾個碗分裝醃料即可。

10.將牛肉夾到另外的碟中，捲一些青菜沾醬食用，亦可依個人喜好加些碎蒜。

烹調小技巧

• 若沒有網眼烤架或鐵板，則可在平底鍋中放1大匙植物油烤牛肉，烤好後以廚房紙巾擦乾肉表面的油和其他物質。

• 若提前準備此菜，可在肉上插入牙籤以防脫落。

壽喜燒

你將需要一口壽喜燒鍋或淺的生鐵鍋與卡式爐，來烹調這道傳統的牛肉蔬菜料理。

4人份

材料：

牛腰肉600公克（無骨，切成3公釐薄片）

清酒1大匙

蒟蒻絲1包（約200公克，瀝乾）

大洋蔥2顆（縱向切成8塊）

金針菇450公克（切去根部）

香菇12朵（除去蕈柄）

青蔥10根（修切整齊，縱向切成4段）

茼蒿300公克或用水芹代替（縱向切開）

豆腐250-275公克（瀝乾並切成8-12個方塊）

新鮮雞蛋4-8顆（於室溫保存）

牛肉脂肪20公克

醬汁：

高湯5大匙或等量水加入1小匙日式高湯粉

醬油5大匙

味醂120ml

清酒1大匙

細砂糖1大匙

1.牛肉擺在大盤子裡並撒上清酒備用。

2.蒟蒻絲以沸水煮2分鐘至半熟，瀝乾後以流動冰水沖洗，切成5公分長再度瀝乾。

3.小平底鍋中放入醬汁的材料，以中火加熱至糖溶化，裝入壺或碗中。

4.青菜、蒟蒻絲和豆腐在盤子裡擺整齊，四個小碗中分別打入一顆雞蛋，將碗盤端到桌上。

5.待客人就座後開始烹煮，以卡式爐將平底鍋燒熱後改為中火，加些牛肉脂肪，待融化後加入青蔥和洋蔥片，改以大火燜2分鐘直到洋蔥變軟，此時客人可自行打散碗中雞蛋。

6.鍋裡加入1/4的醬汁，待煮至冒泡時放入青菜、蒟蒻絲和1/4的豆腐，不需攪拌，但鍋裡需替牛肉留些空間。

7.每次只為每位客人煮一片牛肉，放四片牛肉入鍋，待變色時立即夾出，沾蛋汁食用。青菜和其他配菜亦以相同方法食用，一般需10-15分鐘才能煮熟。用餐時逐步加菜，當湯汁變少時則加些醬汁，如有必要也可在碗裡再打一顆雞蛋。

涮牛肉

此道料理的日文名為「しゃぶしゃぶ」，意為在熱湯中涮煮威化餅般薄的牛肉片，同樣需要以卡式爐在餐桌上烹調這道料理。

4人份

材料：

無骨牛腰肉600公克

蒜苗2根（整理後切成2×5公分長條）

青蔥4根（每根切成4段）

香菇8朵（除去蕈柄）

杏鮑菇175公克（除去根部並撕成小片）

白菜1/2棵（切去根部後切成5公分長方塊）

茼蒿300公克（對半切開）

豆腐275公克（對半切開後縱向切成2公分厚塊）

昆布10×6公分（以濕布擦拭）

柑橘醋醬油：

檸檬汁1顆與萊姆汁混合，共120ml

米醋50ml

醬油120ml

味醂4小匙

昆布4×6公分

柴魚片5公克

芝麻醬：

白芝麻籽75公克

細砂糖2小匙

醬油3大匙

清酒1大匙

味醂1大匙

高湯90ml或等量水加入1小匙日式高湯粉

配料：

白蘿蔔5-6公分長（去皮）

乾紅辣椒2根（去籽切片）

細香蔥20根（剪成小段）

1.將柑橘醋醬油材料放入玻璃罐中混合並靜置一夜，過濾後將汁液裝在罐子中。

2.以低溫烘烤平底鍋裡的芝麻籽直到爆裂，將芝麻磨成糊狀，加糖後再磨並放入其他材料，在四個碗中各倒2大匙芝麻糊，剩餘的放入壺或碗中。

3.用竹籤在白蘿蔔上插4-5個洞，再將辣椒塞進洞內，靜置20分鐘後將白蘿蔔磨碎，放入濾網裡瀝乾水分，將白蘿蔔分裝到四個碗中，細香蔥則以另一碗盛裝。

4.牛肉切成1-2公釐薄片，放在大盤中，另取一個大盤子盛裝豆腐和其他青菜。

5.取一口大砂鍋，倒入3/4鍋水並放入昆布，再將所有材料端到桌上，開火加熱。

6.在每個盛有白蘿蔔泥的碗內，倒入3大匙柑橘醋醬油，並在盛芝麻糊的碗裡放入細香蔥。

7.水沸後撈去昆布，改為中小火，除牛肉外各種配菜均取一些加入砂鍋中。

8.食用時客人可以筷子夾取牛肉在湯中煮3-10秒鐘，並沾任一種醬食用，待青菜熟後撈出沾醬食用，並不時撈去浮沫。

豬肉生薑燒

一般認為這道料理是由東京帝國大學餐廳販賣部的歐巴桑，在1970年代左右發明的，被稱為「豚肉生姜燒き」，現在則流行於年輕人族群。

4人份

材料：

豬肉片450公克（去骨）
小洋蔥1顆（縱向切細絲）
綠豆芽50公克
豌豆莢50公克（剪蒂頭）
植物油1大匙
鹽

醃料：

醬油1大匙
清酒1大匙
味醂1大匙
新鮮生薑4公分長（細細磨碎，需附帶薑汁）

1. 保鮮膜包覆豬肉冷凍2小時後，切成3公釐厚，4公分寬的薄片。

2. 製作醃料：塑膠容器中混合所有材料，並將豬肉片醃15分鐘。

3. 在重鍋中以中火熱油，加入洋蔥絲翻炒3分鐘。

4. 從醃料中取出1/2的豬肉片並放入鍋中，當豬肉變色後將其移至盤中，此步驟約需2-3分鐘，最後再將所有烹煮過的豬肉片和洋蔥絲移到盤中。

5. 將醃料倒入鍋中，以小火慢燉到湯汁剩1/3，加入綠豆芽再加入豬肉片，轉以中火烹煮2分鐘。

6. 將綠豆芽盛到個別盤中，擺上豬肉片、洋蔥和豌豆莢即可。

日式炸豬排

有的日本餐館只販售這一道被稱作「トンカツ」的炸豬排，這道料理中的炸豬排通常以一些高麗菜絲點綴。

4人份

材料：

高麗菜1顆
豬腰或豬腿肉4塊（去骨）
中筋麵粉（沾裹用）
植物油（油炸用）
雞蛋2顆（打散）
麵包粉50公克
鹽和胡椒粉
英式芥末醬（裝飾用）
日本醬菜（佐餐）

豬排醬：

烏醋4大匙
高級番茄醬2大匙
醬油1小匙

1. 將高麗菜切成四份，去除菜梗，每塊均用菜刀或切菜機均勻切絲。

2. 用刀水平沿肥肉處深切豬肉，如此在烹煮時肉才不會捲曲，肉上抹些鹽和胡椒粉，裹上麵粉並抖去多餘的粉。

3. 油鍋裡放油加熱到180℃。

4. 肉塊沾蛋汁後裹上麵包粉，每次炸兩塊肉，一次炸8-10分鐘直到肉變成金黃色，放在網架上瀝乾油脂或以廚房紙巾吸乾，並依此法炸好所有豬肉。

5. 將高麗菜分裝到四個盤中，豬肉縱向切成2公分寬，依個人喜好擺在高麗菜絲上。

6. 將烏醋、番茄醬和醬油在壺或醬油罐裡混合成豬排醬，將做好的醬、炸豬排和高麗菜絲、芥末醬和醬菜一起端上桌，可依個人喜好將醬菜裝在別的碟子中。

烤豬肉捲

元醬是種以清酒、醬油、味醂和柑橘類水果製成的醬，在烹煮前後都可用來醃漬材料，在這道料理中，元醬使得豬肉滋味大增，所以應盡可能把肉醃一夜之久。

4人份

材料：

豬肉600公克
蒜1瓣（拍碎）
鹽適量
青蔥4根（僅取蔥白）
乾燥海帶芽10公克（以水浸泡20分鐘後撈出瀝乾）
西洋芹莖10公分長（切齊後縱向對半切開）
芥菜和水芹1盒

元醬：

醬油7大匙
清酒3大匙
味醂4大匙
檸檬1顆（切成薄環）

1. 爐子預熱至200℃，將豬肉抹上碎蒜和鹽靜置15分鐘。

2. 豬肉烤20分鐘，翻面後將溫度降到180℃再烤20分鐘，直到肉烤熟且鍋裡沒有肉汁。

3. 烤肉的同時，在足以盛放豬肉的容器中混合元醬的材料，肉熟後以醬醃至少2小時或一夜。

4. 蔥白切成兩段後對半縱切，去掉中心圓核，將切好的四片平放在砧板上細細切絲。

5. 蔥絲泡入冰水中，其餘部分亦以相同方法處理，蔥絲捲曲後撈出瀝乾備用。

6. 海帶芽切成2公分厚片或條，芹菜縱切成薄片以冰水浸泡，捲曲後撈出瀝乾備用。

7. 取出豬肉以廚房紙巾擦過後切

成薄片，將醃料過濾到醬油壺或罐中，肉擺在碟中，周圍擺上青菜和元醬即可食用。

蔬菜鴨肉鍋

此道料理的材料需提前準備，如此便能在飯桌上烹煮，需選用重的鍋或有柄砂鍋以卡式爐烹調。

4人份

材料：

鴨胸肉4塊（總重約800公克）

大香菇8朵（除去蕈柄，蕈傘
交叉刻兩刀）

蒜苗2根（修齊後斜切成6公分
長）

半棵白菜（去莖並切成5公分
大小方形）

茼蒿或水菜500公克（切去根
部，縱向切成兩半）

高湯：

雞骨1副（洗淨）

蛋殼1個

日本圓米200公克（洗淨瀝乾）

清酒120ml

粗海鹽約2小匙

沾醬：

醬油5大匙

清酒2大匙

檸檬汁1顆量

白胡椒籽8粒（磨碎）

雜煮：

中式雞蛋麵130公克（煮熟後
撥鬆）

雞蛋1顆（打散）

細香蔥1把

白胡椒粉

1. 雞骨放入盛有3/4水的鍋中，煮沸後倒掉，清洗鍋和雞骨，倒入等量的水，加入蛋殼，不蓋鍋蓋煮1小時並不時撈出浮沫。之後撈出雞骨和蛋殼，加入米、清酒和鹽煮30分鐘後離火放涼。

2. 重鍋加熱至冒煙，離火靜置1分鐘，將鴨胸肉皮朝下放入鍋中，改以中火煎3-4分鐘直到肉變香脆，翻面煎1分鐘後離火。

3. 待鍋子冷卻後以廚房紙巾擦去鴨油，將肉連皮切成5公釐薄片，並在碟子中擺上處理好的青菜。

4. 將醬的材料一起下鍋煮熟，裝到小罐、壺或碗中。

5. 各取四個醬碗、菜碗並擺上筷子，待桌上湯燒開後改為中小火，放入香菇和蒜苗，5分鐘後放入白菜，加入一半鴨肉煮1-2分鐘至半熟，或5-8分鐘至全熟。

6. 讓客人每人煮一些鴨肉和青菜並置於碗中，食用時淋些醬，將白菜葉、茼蒿和水菜放入高湯裡烹煮並自行調節火力，當湯少於鍋的1/4時則加滿，比例為水與清酒3：1。

7. 鴨肉食畢後把湯煮沸並撈去浮油，調成中火後放入雞蛋麵煮1-2分鐘，試過味道後視需要加鹽，倒入雞蛋攪拌幾圈，關火靜置1分鐘，放入蔥花並撒上胡椒粉即可。

相撲火鍋

這滿滿的一大鍋或許是因相撲選手的巨大體型而得名，但這是力士們每天晨間練習4-6小時後，所食用的第一頓餐點，烹煮時需要一個日本陶鍋或重鍋及一個卡式爐。

4-6人份

材料：

油豆腐皮2塊
茼蒿或青江菜1把（200公克，根部切齊）
大蒜苗1根（切齊）
白蘿蔔1條（削去厚皮）
白菜半棵
昆布1片（4×10公分）
雞肉350公克（去骨切成大塊）
香菇12朵（除去蕈柄，蕈傘交叉刻兩刀）
包裝豆腐285公克（瀝乾水分並切成8塊）

魚丸：

沙丁魚6尾（約350公克，洗淨切塊）
新鮮生薑2.5公分（切碎）
大雞蛋1顆
味噌1.5大匙（除八丁或赤味噌外，任一種均可）
細香蔥20根（切碎）
中筋麵粉2大匙

高湯：

清酒550ml
水550ml
醬油4大匙

柑橘醬（隨意）：

檸檬1顆（取皮磨碎）
白胡椒粒10-12粒

1.將魚丸的材料放在砧板上切碎，也可用研缽和杵磨碎或用食物調理機，但不需弄太碎，移到容器裡蓋上保鮮膜。

2.油豆腐皮以沸水煮30分鐘，用冰水沖洗後擠乾水分，對半切開，每塊再縱向切四塊，每小塊對半斜切，則得32塊。

3.茼蒿或青江菜切成6公分長，蒜苗斜切成2.5公分厚橢圓形，白蘿蔔切成5公釐厚圓片，白菜則縱向切成條，並將葉和莖分開。

4.將柑橘醬的材料以研缽和杵磨碎後裝入小碗中。

5.昆布放在鍋底，並加入半鍋高湯材料，以大火煮沸。

6.調成中火後，以湯匙舀些魚漿，並以抹刀輔助製成橄欖球狀魚丸，放入煮沸的湯中；將所有魚漿製成魚丸煮3分鐘，中途需撈去浮沫。

7.慢慢地加入雞塊、白蘿蔔、青江菜葉和莖、香菇與青蒜，放入油豆腐皮和豆腐，燉煮12分鐘直到雞肉煮熟，最後放入白菜和茼蒿煮3分鐘後離火。

8.鍋置於卡式爐上，以小火保溫，請客人以小碗盛取食用，亦可隨個人喜好淋上柑橘醬。

烹調小技巧

餐後鍋裡會剩下美味又營養的濃湯，加入200公克熟烏龍麵再度將湯煮沸，2分鐘後以碗盛裝並撒上蔥花。

甜點與蛋糕

日式甜點令人吃驚的是

最常用的材料是糯米、紅豆、南瓜、甘薯和糖

且日常食品中完全不使用這些食材

日本人並不習慣於餐後享用甜點

而多在喝茶時品嘗甜點

抹茶冰淇淋

過去日本人飯後並不品嚐甜點，而只食用一些水果，但習慣慢慢地改變，現在許多日本餐廳會提供一些小甜品，如冰砂或冰淇淋。以下這道冰淇淋中加入抹茶——日本茶會中最好的粉末狀綠茶，它為冰淇淋帶來了意想不到的美味。

4人份

材料：

盒裝高級香草冰淇淋500ml
抹茶1大匙
溫開水1大匙
石榴1/4顆

1.冰淇淋置於冰箱20-30分鐘使其軟化，但不要讓其融化。

2.茶杯中加入抹茶和溫水攪拌成均勻的糊狀。

3.攪拌鉢中放入一半的冰淇淋，加入綠茶糊後用抹刀混勻再加入剩下的冰淇淋，冰淇淋攪拌至呈深綠色和白色交錯時停止；但亦可攪拌至淡綠色，最後將攪拌鉢放入冷凍庫。

4.冷凍1小時後冰淇淋就完成，舀到個別的玻璃杯中食用即可，亦可依個人喜好放上一些石榴籽做裝飾。

烹調小技巧

甜紅豆和法式栗蓉可用來製成其他風味的日式冰淇淋，每100ml高級香草冰淇淋可配上2大匙煮熟的紅豆或4小匙栗蓉。

南瓜羊羹

羊羹是種很甜的點心，通常以紅豆製成，於喝茶時搭配綠茶享用，而綠茶的苦味中和了羊羹的甜味。以下這道甜點中以南瓜取代紅豆，且上桌時還搭配了水果。

2. 南瓜放入有蓋的蒸籠蒸15分鐘，直到筷子能輕鬆插入時離火，不掀蓋靜置5分鐘。

3. 削去南瓜皮，將南瓜肉置於濾網，以木杓壓過或以食物調理機絞碎，將南瓜泥倒入攪拌缽中，加入其他材料混勻。

4. 展開壽司竹簾，潤濕一片薄紗棉布或餐巾後放在竹簾上，將南瓜泥均勻地擺上並捲緊。

5. 將南瓜泥捲以蒸籠蒸5分鐘，取出後靜置5分鐘。

6. 將梨子或柿子去皮、去核後切成薄片。

4人份

材料：

　南瓜1顆（約350公克重）
　中筋麵粉2大匙
　玉米粉1大匙
　細砂糖2小匙
　鹽1/4小匙
　肉桂粉1/4小匙
　水25ml
　蛋黃2顆（打散）

佐餐：

　梨子半顆
　柿子半顆（隨意）

1. 切去南瓜頭尾堅硬的部分後，將其切成3-4片，以湯匙舀出籽並將南瓜切成大塊。

7. 南瓜捲冷卻後打開竹簾，並將南瓜羊羹切成2.5公分厚塊，裝到四個小碟子中，並擺上幾片水果即可。

甘薯蜂蜜蛋糕

這一道被稱作「蒸しカステラ」的蜂蜜蛋糕不會太甜，可以當麵包食用，其秘訣在於味噌替蜂蜜蛋糕增添了淡淡的鹹味。

4人份

材料：

中筋麵粉200公克
細砂糖140公克
煉乳3大匙
雞蛋4顆（打散）
白味噌40公克
甘薯150公克
塔塔粉2小匙
烘焙用蘇打粉1/2小匙
融化奶油2大匙

1.將麵粉和糖一起過篩到一個大攪拌缽中，另取一碗將煉乳、蛋黃和白味噌打成乳膏狀，再加入大攪拌缽中拌勻，以保鮮膜蓋住靜置1小時。

2.切去甘薯兩端並削皮，切成2公分小塊，放入水中浸泡，預熱蒸籠並墊上薄紗棉布。

3.塔塔粉和烘焙用蘇打粉加1大匙水調和，與融化奶油、2/3甘薯一起加入大攪拌缽中，將所有麵糊倒入蒸籠裡，再將剩餘的甘薯撒上並按進麵糊中。

4.蒸半小時直到蜂蜜蛋糕膨脹成圓頂狀，離火冷卻片刻即可切塊上桌，可熱食亦可冷食。

御萩

這道茶會用甜點——御萩，絕對是各年齡層的日本人最喜愛的甜點之一，逢年過節如朋友生日、慶典時必備，請記住：務必使用山茶花葉做裝飾。

12塊

材料：

糯米150公克
日本圓米50公克
罐裝紅豆410公克
細砂糖90公克
鹽1小撮

1.濾網中放入兩種米，並用流動的水洗淨，放1小時瀝乾。

2.米倒入鑄鐵鍋或有蓋砂鍋裡，加入200ml水。

3.加蓋煮沸後改以小火燉15分鐘，直到鍋裡發出爆裂聲時離火

靜置5分鐘，掀蓋並覆上一片餐巾放涼。

4.鍋中倒入紅豆以中火熬煮，糖則分三次加入，每加一次攪拌一下，改以小火並以馬鈴薯搗碎器將紅豆壓碎，加些鹽後離火；其紅豆泥的稠度應如馬鈴薯泥般，否則需再以小火收乾多餘水分再放涼。

5.雙手潤濕，將米捏成12個如高爾夫球般大小的飯團。

6.將薄紗棉布潤濕置於工作臺上，舀2大匙紅豆泥放在棉布上，壓成5公釐厚的圓餅，中心放置一粒飯團，抓起棉布將飯團包在紅豆泥裡，再打開棉布取出成品，並依此方法將剩餘材料製成御萩，即可上桌。

紅豆洋菜凍

這道夏季時令點心將深紅色洋菜凍與紅豆塊鑲嵌在洋菜凍中，看來就像一塊石頭被高山上的冰塊包裹住般。

12人份

材料：

　　罐裝紅豆200公克

　　細砂糖40公克

洋菜凍：

　　5公克裝洋菜粉2包

　　白砂糖100公克

　　1/4個橘子皮（取整塊）

1.瀝乾紅豆的水分後倒入鍋中，以中火烹煮，有蒸汽冒出時轉成小火。

2.細砂糖分三次依序加入鍋中，邊煮邊攪拌，直到糖溶化且水分收乾時離火。

3.另一只鍋中倒入450ml水與一包洋菜粉，持續攪拌直到完全溶解後，加入40公克白砂糖和橘子皮。煮沸後繼續煮2分鐘，邊煮邊攪拌，直到糖全部溶化時離火並撈去橘子皮。

4.取250ml洋菜置入15×10公分容器中，維持室溫備用。

5.將紅豆糊加入鍋中的剩餘洋菜並拌勻，將鍋子置於濕毛巾上持續攪拌8分鐘。

6.將紅豆洋菜倒入18×7.5×2公分容器中，於室溫中放置1小時後冷藏1小時，取出倒扣於墊有廚房紙巾的砧板上，靜置1分鐘後切成12塊矩形紅豆洋菜凍。

7.取12個小杯，每個均墊一層保鮮膜，以叉子把備用的洋菜凍劃成12個方塊，每個小杯放一塊後再放一塊紅豆洋菜凍。

8.取一只鍋子倒入450ml水並加入剩餘洋菜粉煮沸後，再加入剩餘白砂糖攪拌至糖溶化。繼續沸騰2分鐘，離火並置於濕毛巾上快速冷卻，攪拌5分鐘或直到變稠。

9.以杓子將洋菜舀入小杯中並覆蓋住兩塊洋菜凍後，旋緊保鮮膜上緣並將小杯放入冰箱，冷藏1小時後取出，小心地拿下小杯與保鮮膜，把冰洋菜凍擺在碟子上即可食用。

銅鑼燒

在日本，傳統上會以兩片薄煎餅像鑼一般夾起紅豆泥，所以叫銅鑼燒（ドラ焼き）。ドラ就是「鑼」的意思，這種薄煎餅也可以對折成半個鑼的形狀。

6-8塊銅鑼燒

材料：

細砂糖65公克
大雞蛋3顆（打散）
楓糖或金黃糖漿1大匙
中筋麵粉185公克（以篩子過濾）
烘焙用蘇打粉1小匙
水150ml
植物油（油煎用）

紅豆泥：

罐裝紅豆250公克
白砂糖40公克
鹽少許

1. 紅豆泥：將罐裝紅豆與湯汁倒入鍋中，以中火熬煮並逐次加糖，充分攪拌後待湯汁快收乾，且紅豆已煮爛時調成最小火，加鹽並離火攪拌1分鐘後放涼。

2. 大碗中加入糖、雞蛋和楓糖充分攪拌至糖溶化，加入麵粉製成麵糊，加蓋靜置20分鐘。

3. 杯中放入烘焙用蘇打粉與水後，倒入麵糊中。

4. 於鍋中加熱少許油至高溫，離火以廚房紙巾擦過，改以中火加熱並倒入一些麵糊，煎成直徑約13公分，厚5公釐的薄煎餅。

5. 兩面各煎2-3分鐘直到餅變成金黃色，若邊緣燒焦則改以小火慢慢將餅煎熟，以相同方法製作11-15塊薄煎餅。

6. 取一片薄煎餅，中心抹上2大匙紅豆泥，邊緣保留2.5公分並另蓋一片薄煎餅置於盤中，以相同步驟將剩下的薄煎餅與紅豆泥製成銅鑼燒，熱食冷食均可。

烹調小技巧

可把薄煎餅對折，中間夾些紅豆泥，做成半個鑼的形狀。

索引

國家圖書館出版品預行編目資料

日本料理實用大全／Emi Kazuko著；Yasuko Fukuoka食譜；劉
欣、邢豔、郭婷婷合譯－－初版－－臺中市：晨星，2006〔民95〕
面；　公分－－（Chef Guide：02）
譯自：Japanese Food and Cooking

ISBN 986-177-032-1（平裝）

1. 食譜 - 日本　2.烹飪　3.飲食 - 文化 - 日本

427.131　　　　　　　　　　　　　　　　　95011108

Chef Guide 2

日本料理實用大全

作者	Emi Kazuko
食譜	Yasuko Fukuoka
翻譯	劉欣、邢豔、郭婷婷
責任編輯	郭芳吟
封面設計	陳虹君
校對	賴麗雯

發行人	陳 銘 民
發行所	晨星出版有限公司
	台中市407工業區30路1號
	TEL:(04)23595820　FAX:(04)23597123
	E-mail:service@morningstar.com.tw
	http://www.morningstar.com.tw
	行政院新聞局局版台業字第2500號
法律顧問	甘 龍 強 律師
印製	知文企業（股）公司　TEL:(04)23581803
初版	西元2006年8月31日

總經銷	知己圖書股份有限公司
	郵政劃撥：15060393
	〈台北公司〉台北市106羅斯福路二段95號4F之3
	TEL:(02)23672044　FAX:(02)23635741
	〈台中公司〉台中市407工業區30路1號
	TEL:(04)23595819　FAX:(04)23597123

定價550元
（缺頁或破損的書，請寄回更換）
ISBN 986-177-032-1

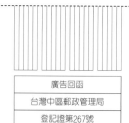

廣告回函
台灣中區郵政管理局
登記證第267號
免貼郵票

407
台中市工業區30路1號

晨星出版有限公司

更方便的購書方式：

(1) **網站**：http://www.morningstar.com.tw。
　　　或　填妥「信用卡訂購單」，郵寄至本公司。

(2) **郵政劃撥**　帳號：15060393
　　　戶名：知己圖書股份有限公司
　　　請於通信欄中註明欲購買之書名及數量。

(3) **電話訂購**：如為大量團購，可直接撥客服專線洽詢。

◎如需更詳細的書目，可上網查詢或來電索取。
◎客服專線：(04)23595819#230　FAX：(04)23597123
◎客戶信箱：service@morningstar.com.tw

◆讀者回函卡◆

讀者資料：

姓名：_____　性別：□ 男　□ 女

生日：　／　／　　　　　身分證字號：_____

地址：□□□_____

聯絡電話：_____（公司）_____（家中）

E-mail _____

職業：□ 學生　　　□ 教師　　□ 內勤職員　□ 家庭主婦

　　　□ SOHO族　□ 企業主管　□ 服務業　　□ 製造業

　　　□ 醫藥護理　□ 軍警　　□ 資訊業　　□ 銷售業務

　　　□ 其他_____

購買書名：_____

您從哪裡得知本書：□ 書店　　□ 報紙廣告　□ 雜誌廣告　□ 親友介紹

□ 海報　　□ 廣播　　□ 其他：_____

您對本書評價：（請填代號 1. 非常滿意　2. 滿意　3. 尚可　4. 再改進）

封面設計_____版面編排_____內容_____文／譯筆_____

您的閱讀嗜好：

□ 哲學　□ 心理學　□ 宗教　　□ 自然生態□ 流行趨勢□ 醫療保健

□ 財經企管　　□ 史地　□ 傳記　□ 文學　　□ 散文　　□ 原住民

□ 小說　□ 親子叢書□ 休閒旅遊□ 其他_____

信用卡訂購單（要購書的讀者請填以下資料）

書　　　名	數　量	金　額	書　　　名	數　量	金　額

□VISA　　□JCB　　□萬事達卡　　□運通卡　　□聯合信用卡

•卡號：_____　•信用卡有效期限：_____年_____月

•信用卡背面簽名欄末三碼數字：_____

•訂購總金額：_____元　•身分證字號：_____

•持卡人簽名：_____（與信用卡簽名同）

•訂購日期：_____年_____月_____日